LES SECRETS

DU

MENUISIER-ÉBÉNISTE

PAR DESSAIGNES.

PUBLICATION NOUVELLE.

MANUEL DE POCHE DE L'ARTISTE

ET DE L'AMATEUR.

2me ÉDITION.

VALENCE
IMPRIMERIE DE ED. MARC AUREL,
Imprimeur de l'Empereur.
1861.

Un homme d'une haute taille
N'est pas pour cela plus savant ;
Et un gros livre tout autant
Peut parfois n'être rien qui vaille.

D. J. m.

PRÉFACE.

Sous le titre de cet ouvrage, je me suis proposé de donner aux ouvriers intelligents les notions et les recettes précises et exactes que j'ai recueillies ou inventées. Ainsi que l'on essaie les unes ou les autres, on peut se croire assuré d'avance de la réussite.

Je ne donne pas des idées prises au hasard ; j'ai moi-même mis en pratique tout ce que je vais expliquer, et parmi toutes les recettes que je donne, il n'en est aucune qui ne soit sûre ; c'est pour cette raison que j'ose dire que ce petit livre est très-précieux pour l'ouvrier intelligent.

J'aurais bien désiré pouvoir livrer cet ouvrage à mes collègues à un prix moins élevé, quoiqu'il soit très-modéré et mis à la portée de tous. Si le nombre des demandes eût été plus considérable, l'ouvrage n'aurait coûté que très-peu de chose, mais le nombre des souscripteurs étant fort petit, je dois faire en sorte de n'être pas victime, en cherchant à me rendre utile ; je me suis réservé le placement de cet ouvrage afin qu'il ne soit point dénaturé par les éditeurs.

Une personne m'écrivit un jour que mon ouvrage n'était pas un gros volume, comme si l'ouvrier avait besoin d'un fatras de choses inutiles : j'ai moi-même payé bien cher des livres qui n'apprenaient rien du tout, quoique très-volumineux. Je me serais cru très-heureux si j'eusse rencontré des notions certaines et précises, sur ce dont j'avais besoin, et je n'aurais pas craint de placer mes économies dans l'achat d'un ouvrage utile.

On ne saurait jamais avoir trop de connaissances dans un art aussi difficile, qui, pendant si longtemps, a été livré à la routine. Alors on voyait entreprendre des ouvrages par des hommes sans principes, qui voulaient à tout prix entendre dire autour d'eux : *C'est le meilleur ouvrier des environs.*

Combien ces hommes auraient-ils mieux fait de payer un architecte habile, qui aurait tracé la marche et donné le prix des travaux, sans s'exposer à se ruiner pour une vaine félicitation.

Le véritable artiste fait bien son ouvrage, mais aussi se fait bien payer ; ce n'est jamais que l'ignorant qui élève la concurrence, qui n'est qu'une lèpre pour la société industrielle et commerçante.

Le travail est pénible, il doit être payé convenablement, et les ouvriers qui baissent les prix sont une peste pour leurs collègues.

Quand une fois on aura bien compris que l'on peut exceller dans un métier, et se faire payer en raison de son talent, alors on verra le prix du temps et l'on saura distinguer ce qui peut être utile, et chacun pourra avec facilité vivre en travaillant.

Origine de l'art du Menuisier.

L'art du menuisier-ébéniste remonte à la plus haute antiquité. Sitôt que la découverte du fer donna le moyen de faire des outils tranchants pour abattre les arbres, on dut confectionner différentes espèces de menuiseries et de meubles; d'ailleurs il suffit de savoir les noms de Babylone, Ninive, Carthage, pour comprendre que dans ces villes il y avait sans doute d'excellents ouvriers sur le fer et sur le bois.

Ainsi il a fallu des siècles d'expérience pour découvrir tant de secrets et de recettes que nos ancêtres ont reçus et que nous perfectionnons en y ajoutant nos nouvelles découvertes.

Oui, il a fallu des siècles d'études pour que Salomon, ce roi puissant, pût trouver dans le monde des hommes capables de le comprendre, dans les grands travaux de ce magnifique édifice consacré au vrai Dieu.

C'est de l'Asie que cet art fut transporté en Grèce après la construction du temple, les meilleurs ouvriers s'y rendirent pour y répandre leurs chefs-d'œuvre et en être payés selon le mérite.

Cet art difficile passa donc en Grèce à la suite des conquêtes d'Alexandre-le-Grand ; de magnifiques monuments s'élevèrent, où l'artiste modela les plus gracieuses proportions. Les dieux du paganisme eurent des temples à Smyrne, à Sparte, à Corinthe, à Athènes. Il fallait aux hommes de cette époque superstitieuse et exaltée des multitudes de dieux et de déesses à qui l'on construisait des monuments où l'architecture développait les chefs-d'œuvre les plus élégants et les plus variés. Combien d'artistes célèbres dont les noms sont ignorés ont construit ces belles colonnades et sculptées, ces beaux chapiteaux qui nous servent encore de modèles ! Que de beaux ouvrages en menuiserie que le temps qui détruit tout ne nous a pas conservés, le bois étant matière trop périssable.

Les Romains firent ensuite la conquête de ces pays et emmenèrent dans leur capitale tout ce qu'ils purent ramasser d'artistes de toutes sortes.

Les arts et les sciences suivirent dans la cité-reine ces hommes savants, ces habiles ouvriers et ces Romains ingénieux qui allaient chercher les lumières dans les pays qu'ils avaient conquis, et qui plus tard les possédèrent presque seuls.

La menuiserie en meubles et bâtiments se perfectionna encore par le luxe des Romains, l'ébénisterie fit même des progrès rapides.

Le citronnier était alors le bois le plus recherché pour les objets précieux destinés aux temples et aux coffrets riches. La rareté de ce bois alors fait supposer que l'on connaissait le placage et la marqueterie ; ce qui le prouve, ce sont les chaises curules des sénateurs fabriquées en ivoire massif incrusté de superbes dessins analogues au sujet.

Pendant ce temps la France n'avait que des ouvriers confectionnant des meubles communs et grossiers. Si par hasard un ouvrier se distinguait de la vieille routine, il était aussitôt employé chez les grands personnages pour embellir les boiseries de leurs châteaux.

Les bons ouvriers étaient rares (je veux dire les artistes), encore manquaient-ils de principes épurés par le bon goût. Aussi l'ingénieux Bernard de Palissy qui fabriquait de la poterie, avait-il choisi cette devise qu'il écrivait partout: *Pauvreté empêche aux bons esprits de parvenir.*

Sous François 1er, cet art prit une grande extension, puis, ensuite, par les voyages de Catherine et de Marie de Médicis, deux reines célèbres, qui encourageaient partout les arts et les sciences.

Dans le XVIIe siècle il fit de grands progrès, et la découverte de l'Inde apporta les bois exotiques si précieux : l'ébène, le palissandre, l'acajou, le bois de rose, etc. A cette époque les artistes surent en tirer le plus avantageux parti; ensuite la chimie aida les recherches de quelques bons ouvriers qui puisèrent dans cette science les belles teintures, les couleurs vives, solides, et la conservation des bois, ainsi que leur dessiccation.

La sculpture servit alors à orner les ouvrages en bois et ce travail épura le goût de nos artistes.

Les Romains par leur splendeur avaient attiré toutes les lumières du monde ; à leur imitation la France puisa en Italie le bon goût de l'architecture, le répandit partout, forma de nouveaux artistes et sut reproduire les chefs-d'œuvre des Romains.

De nos jours cet art s'est développé admirablement, et, jusque dans les villages, l'on rencontre parfois d'habiles ouvriers.

Que manque-t-il à ces travailleurs? Ce qui me manquait à moi dans le temps : des conseils justes et des procédés bons, certains, et surtout plus expéditifs et donnant la marche à suivre pour ne point s'égarer, ainsi que les recettes les meilleures pour abréger des recherches toujours coûteuses.

Dans les villes où de bons architectes guident les travaux, cet art fait de grands pas vers sa perfection, mais livré à lui-même, l'ouvrier perd, dégénère, se dégoûte, et va en arrière par la concurrence, au lieu de marcher en avant par l'association mutuelle des secours et des arts.

Que faut-il pour suppléer à ce défaut et pour conserver le goût excellent des bons ouvriers qui, loin des villes, n'ont pas tous les jours devant eux des modèles variés ? Il faut des conseils, de bonnes recettes, des procédés sûrs et éprouvés, et à mesure que les découvertes utiles sont mises au jour, leur faire connaître par des livres à bon marché, les moyens de faire mieux; telle est la mission que je me suis proposée; et si chaque maître, dans cette partie, voulait bien ne pas négliger de s'instruire, et se procurer les ouvrages qui ouvrent la route du progrès, ces livres ne coûteraient que très-peu ; mais au lieu de viser au mieux, il semble que les trois quarts des chefs d'ateliers se font un plaisir de rester en arrière, soit par négligence, soit par dédain.

Je ne recule point devant les sacrifices que je suis obligé de faire pour mettre à la portée de tous les connaissances que j'ai acquises, et, malgré l'insouciance et l'ingratitude, si communes dans tous les temps, je poursuis néanmoins ma tâche sérieuse, le but que je me propose étant d'abord d'être utile à mes collègues.

Ainsi, que les bonnes recettes soient données par moi ou par un autre, le sincère ouvrier les acceptera toujours ; mais l'ignorant, croyant savoir lui seul autant que les plus expérimentés, dédaignera les conseils qui lui seront offerts.

Voilà pourquoi il faut que j'établisse un prix plus élevé que je ne l'aurais voulu, afin de n'être pas en perte pour la vente de cet ouvrage ; connaissant mieux les ouvriers que mes devanciers qui ont écrit, je sais déjà le petit nombre de véritables bons esprits cherchant à s'instruire.

Les uns trouveront mon livre trop cher, les autres, faute de s'en donner la peine, blâmeront ce qu'ils n'auront pas compris.

Malgré toutes ces désagréables préventions, je suis encore content si je puis être utile à quelques-uns de ces bons et intelligents ouvriers.

Je ne prétends point donner dans cet ouvrage les principes pour apprendre seul l'art du menuisier-ébéniste ; d'ailleurs je ne m'adresse qu'à des ouvriers formés par les leçons d'un bon maître d'apprentissage : voilà pourquoi je ne parlerai point des premières notions de cet état.

Si quelques-uns de mes procédés ou quelques-unes de mes recettes sont connus par mes lecteurs, je dirai : « Tant mieux, au moins ils pourront juger que je ne cherche pas à induire en erreur et que les autres recettes doivent aussi être bonnes. »

LES SECRETS DU MENUISIER-ÉBÉNISTE

Je vais commencer par donner une courte explication sur les différentes espèces de bois qui sont les plus utiles à notre art et sur les teintures qui leur conviennent le mieux.

Amandier.

Ce bois dur et lourd n'est guère employé en menuiserie ; pourtant on peut s'en servir en placage pour imiter le bois de rose en lui donnant une couche avec l'acide sulfurique; lorsque l'on coupe ses pièces de raccord en biais, ses veines parallèles font un bel effet et le vernis rehausse à merveille la couleur rose qui lui est propre.

Le tourneur peut en tirer de très-grands avantages, mais souvent il est tortillard et ne peut être employé ; il faut qu'il sèche à l'ombre, car il fend assez facilement ; mais une fois sec il ne bouge plus. On peut avec facilité le percer, le mortaiser, surtout il fait de bons tenons et de bons tourillons.

Le poids de ce bois, quand il est sec, est à peu près de 900 kil. le mètre cube.

Alizier.

Ce bois prend bien la teinture, il est très-doux, liant et serré, il devient rougeâtre en vieillissant; il se coupe et se polit très-bien en tous sens; en l'abattant il faut enlever l'écorce, car elle est sujette à recéler de gros vers blancs qui souvent s'introduisent jusqu'au cœur.

Il pèse, desséché, environ 750 kil. le mètre cube.

Acacia.

Joli bois jaunâtre, dur et raide, pour l'assemblage; il est à peu près semblable au mûrier. Il fut apporté d'Amérique vers l'an 1600.

Étant sec, il pèse environ 700 kil. le mètre cube.

Buis.

Ce bois est excellent pour le tour; il est parfois noueux et tordu, assez rarement bien droit, mais très-dur et très-compact, son grain fin et serré se polit très-bien, sa couleur est jaune clair; il est d'un emploi plus fréquent pour le tour que pour la menuiserie, cependant j'ai vu des planches longues d'un mètre et d'un mètre 1/2, larges de 10, 20 et 25 centimètres; on les employait à faire des navettes pour les rubans.

Ce bois produit des loupes aux excroissances qui viennent à fleur de terre, et dont l'intérieur présente des accidents naturels très-variés : on y reconnaît différentes figures. A St-Claude on fait de fort belles choses avec le broussin de buis, et malgré la richesse du travail et la beauté du vernis, ces articles sont vendus à bas prix.

C'est dans le Jura que se trouve la meilleure qualité de buis; celui d'Espagne est très-gros, un peu ondulé de fils et presque sans nœuds; c'est de ce pays que nous arrivent les plus grosses pièces de ce bois.

Chêne.

Ce bois est supérieur à tout autre pour la menuiserie, ainsi que le noyer pour les meubles; il est solide, son grain est poreux et un peu grossier; il est durable et produit un bon et bel effet en menuiserie quand il est enduit d'une couche d'huile bien chaude, le travail est achevé ; puis verni au copal avec un pinceau fin, il résiste à l'intempérie des saisons.

Il porte très-bien l'assemblage et, lorsqu'il est d'un bon choix, il dure plusieurs siècles.

Le chêne du nord ou chêne blanc est employé avec avantage pour les meubles de salle à manger, tels que : buffets, étagères, tables à coulisses.

Lorsque l'on veut cirer le chêne blanc, il faut employer de la cire blanche afin de ne pas le jaunir; si on désire le vernir il faut employer, pour le tampon, la gomme laque arabique, et, pour le pinceau, le vernis blanc à l'esprit, ayant soin pour coller les pores du bois de passer une couche de gomme laque blanche bien claire, dissoute dans l'eau tiède, ensuite passer le papier de verre fin, et dans cet état il est prêt à recevoir le vernis que l'on désire,

Ce bois pèse 750 à 800 kil. le mètre cube étant sec.

Charme et Charmille.

Ces deux variétés de bois diffèrent en ce que le charme est un grand arbre forestier, et le charmille un petit arbre qui n'atteint pas une forte grosseur; ses pores sont peu serrés mais très-fins; il faut l'employer bien sec, car il est sujet à se fendre.

Le charmille est blanc, son grain est plus serré que le charme, il se polit assez bien, on en fait des filets, des carrés blancs de damiers, de bonnes presses et serre-joints.

Il pèse, sec, environ 730 kil. le mètre cube.

Cerisier.

Bois d'un gris rougeâtre qui se polit très-bien, il est plus foncé près du milieu que sur les bords, et les couches concentriques paraissent fortement.

On en fait des chaises, des meubles ordinaires assez jolis, surtout lorsqu'il est mis en couleur par un lait de chaux : pour cela on prend de la chaux fusée, et on l'étend avec un linge ou un pinceau; on laisse sécher, puis avec une brosse on enlève la poussière.

Ainsi que le merisier, son écorce est en travers au lieu d'être en long.

Sec, le mètre cube pèse environ 680 kil.

Cormier.

Excellent bois pour les outils à frottement, tels que: rabots, moulures, affutages. Il vaut mieux qu'il soit gros pour l'employer, car alors il possède des veines d'un rouge brun et dans ces endroits il est très-dur et très-lourd.

Il faut l'employer bien sec, car il se tourmente beaucoup ainsi que tous les bois bien durs; sur le tour il se coupe très-bien.

Il pèse environ 900 kil. le mètre cube.

Cornouiller.

C'est un arbrisseau de 3 à 8 centimètres de grosseur, très-bon pour les manches d'outils, tels que : marteaux, ciseaux, couteaux, etc., de bons échelons; comme le houx, son bois est blanc et peu poreux, mais trop souvent bien noueux.

Le mètre cube pèse environ 990 kil.

Érable.

Bois blanc assez dur, se polissant passablement; on en trouve de moucheté et de loupeux : ce sont les excroissances qui forment les loupes.

On distingue plusieurs espèces d'érables qui sont : 1° l'érable commun ; 2° l'érable sycomore, et l'érable à feuilles de frêne, la sulfate de cuivre le pénètre d'une belle couleur grise.

Son poids est de 600 kil. le mètre cube étant sec.

Epine.

Rarement ce bois se lève en arbre ; il est blanc, fin et dur, plus liant que le charme ; il fait d'excellentes chevilles, et comme tous les bois rabougris, il est très-bon pour les ouvrages de tour.

Frêne.

Le frêne est un bois d'une très-grande utilité ; souple, liant, doux et solide, il supporte à merveille les tenons et mortaises. Le charron et le menuisier en voitures en retirent le plus grand parti ; on en fait les chaises les plus fortes, de bons manches de marteaux, des bras de scies, des échelons et des montants d'échelles qui, quoique minces, sont très-solides.

Il est difficile à raboter, mais pourtant en mettant petit fer on le rend sans éclats, et le râcloir achève le polissage ainsi que le papier de verre.

On trouve des frênes très-gros et rabougris qui possèdent parfois de très-belles loupes, espèce de broussin. Celui qui croît dans les endroits pierreux et le long des chemins est assez souvent loupeux ou marbré; c'est avec celui-ci que l'on fait de forts jolis meubles ; on obtient avec le vitriol bleu ou sulfate de cuivre, une belle couleur verte qui fait ressortir les veines et fait un riche effet.

Pour la couleur naturelle et la teinte, ce bois tient le milieu entre le chêne et l'ormeau.

Quand il est marbré et ronceux il est très-difficile à polir, mais sa dureté contribue à lui donner une uniformité de glacis.

Son poids varie peu de 725 kil. le mèt. cube.

Genevrier.

Assez tendre et odorant, le genevrier est susceptible de recevoir un beau poli ; son petit volume ne permet d'en faire que des ouvrages légers, mais en l'employant, comme le bois de rose, en petites pièces de raccord, on peut obtenir un bel effet. Il est compris dans les bois peu lourds.

Houx.

Ce bois précieux, pour les marqueteries, sert par sa finesse et sa blancheur à imiter l'ivoire; il est difficile à raboter et ne se polit bien quand approchant beaucoup le fer de dessus et prenant beaucoup de bois à la fois, c'est un des plus gros arbustes de nos forêts, il contient beaucoup de sève, c'est pour cela qu'il faut le faire sécher longtemps et à l'ombre ; on en fait de jolis filets bien blancs, des cases pour les damiers riches que l'on serait tenté de prendre pour de l'ivoire ; il est d'un grain presque imperceptible, très-serré et assez lourd ; pour le conserver blanc il faut le faire sécher à l'ombre, autrement il se fend.

Il pèse, sec, 675 kil. le mètre cube.

Hètre.

Comme le frêne, ce bois est très utile pour certains usages, tels que : montages cachés de chaises ou fauteuils, pour les voitures et la menuiserie ordinaire ; il faut l'employer bien sec, car il se retrécit beaucoup.

La plupart de nos établis se font en hêtre, porte mieux qu'aucun autre l'assemblage, son grain grossier ne le rend propice qu'aux usages ordinaires, c'est-à-dire pour la grosse menuiserie ou les meubles de bas prix; il reçoit toute espèce de teintures, principalement celle du noyer. Pour cette dernière couleur il faut faire bouillir avec de l'eau commune 200 grammes de terre de Cologne ; quand cette terre a bien bouilli et que l'eau devient noire on y jette 50 grammes de potasse ou de sel de soude ; on retire du feu et la couleur est faite ; il faut remuer souvent car elle s'échapperait du vase. Il est très-bon que le vase puisse en contenir plus qu'il n'y en a. J'ai placé cette recette à l'article des bois ; la cause est qu'elle convient parfaitement à cette espèce ainsi qu'au noyer blanc sec.

Le hêtre pèse 590 kil. le mètre cube.

Le Noyer.

Après le chêne, le noyer est le bois le plus utile, car avant que les bois étrangers fussent introduits dans notre pays, le noyer était le bois le plus précieux pour les meubles de toute sorte.

On savait alors faire de superbes moulures qui encadraient des panneaux raccordés avec adresse et choisis avec soin, et si ce bois était moins commun parmi nous, il serait très-recherché, car il est solide, doux, prenant un beau poli, il brunit en vieillissant, ce qui ajoute à sa beauté, enfin, ce bois réunit à lui seul toutes les qualités nécessaires pour les meubles. Je répète que c'est dommage que la mode ait supprimé ces élégantes moulures dont on savait les orner il y a plus d'un siècle. On dit sans cesse : « Un meuble uni est plus propre. » Je conviens que pour les usages journaliers un placard, un buffet, une table à manger, soient faits simplement, c'est vrai, mais une chambre à part doit avoir des meubles mieux choisis et les moulures et sculptures sont aussi faciles à tenir propres qu'un meuble uni, car un seul coup de plumeau enlève la poussière. Ensuite je considère les meubles plaqués comme le cuivre argenté ; ce n'est que du clinquant, qui se décompose, se casse ou se décolle, et exige des frais de réparation à chaque moment.

Les pays en France où le noyer abonde le plus sont le Dauphiné et l'Auvergne. Il est à regretter que les possesseurs spéculent sur un arbre encore jeune, il vaudrait mieux laisser vieillir les beaux noyers ; on aurait au moins un bois noir d'un bel effet.

Après le noyer du Dauphiné et celui d'Auvergne, on connaît le noyer rond de Virginie cultivé en Bourgogne ; il est assez noirâtre et veiné, mais il est cassant et poreux.

Le noyer blanc de Virginie, autre espèce, de couleur blanchâtre, mais souple, liant, compact et fort dur, n'atteint pas ordinairement une forte grosseur.

Une autre espèce, nommé noyer de la Louisiane, autrement Pacanier, a toute l'apparence du frêne.

On sait que le noyer noir est le plus recherché, c'est en Auvergne que se trouvent les plus beaux et les plus foncés, surtout moins sujets à être piqués des vers.

Il serait à désirer que la conservation pénétrante de M. Boucherie fût mise en pratique; alors au moins les bois n'auraient plus à craindre les insectes.

Sec, le bon bois de noyer pèse 600 à 650 kil. le mètre cube.

Olivier.

Les feuillages de ce bois sont l'emblème de la paix comme le laurier celui de la gloire et des triomphes. Ce fut une petite branche d'olivier qu'une colombe sortie de l'arche apporta à Noé pour lui annoncer la fin du déluge et la paix accordée aux hommes.

Bois précieux par sa qualité odorante et ses belles veines ; on lui trouve parfois de belles loupes et excroissances qui sont très-estimées; elles produisent un effet magnifique par la diversité des figures qu'elles représentent.

Il est assez difficile de rencontrer ce bois bien propre à recevoir le travail, car les couches annulaires se détachent souvent, ou encore il se tord parfois comme l'amandier, alors il n'est plus possible d'en tirer aucun parti.

Sa couleur est jaunâtre, rayée de brun, ses jolies veines souvent ondées agréablement prennent avec facilité un très-beau poli.

Il est très-convenable pour les objets tournés, les petits meubles à pièces symétriques et les cases d'intérieur.

Orme.

L'orme est un bois de nature textile, d'une grande utilité pour les ouvrages cintrés, il est teilleux, doux et non cassant ; les panneaux de ce bois sont très-durables, mais il se rabote difficilement, c'est ce qui le fait redouter par les ouvriers ; si on le travaille avec un gros fer il se déchire, mais en revanche il est durable et ses loupes produisent un effet admirable, sa couleur brune forme des reflets un peu plus clairs, et souvent des ondulations très variées. Ainsi que le frêne il est susceptible de recevoir par les acides les plus belles nuances.

L'acide nitrique passé fortement et lavé de suite lui laisse une couleur fort agréable.

Il pèse, sec, 700 à 750 kil. le mètre cube.

Le Platane.

Ce bois, bien préférable au hêtre pour l'emploi de la menuiserie, n'est employé que depuis peu d'années, sa rareté en est la première cause. Il serait à désirer qu'il fût aussi commun que lui, car il est doux, raide, et se coupe très-bien en tout sens.

Il fait de bons assemblages, et étant employé sec il ne se tourmente plus.

Sa couleur est d'un blanc terne, mais on le rehausse par les teintures qu'il reçoit admirablement, les couleurs claires surtout semblent lui être propres.

On peut faire avec ce bois de bons serre-joints et de très-bonnes presses à plaquer, etc.

Il pèse, sec, environ 730 kil. le mètre cube.

Le Pommier.

Ce bois est abandonné aux graveurs et aux modeleurs et pour quelques ouvrages de peu de durée, car il est presque toujours mangé par de gros vers blancs ; il est aussi souvent roulé et tordu, il se coupe assez bien en tout sens, ce qui le fait quelquefois rechercher par les tourneurs.

Il pèse, sec, 730 kil. le mètre cube.

Poirier.

Ce bois est parfait pour modeler toute espèce de mécanique; il se coupe parfaitement en tout sens, il est doux, très-liant, très-facile à travailler, d'un grain très-fin et égal, couleur rougeâtre, prend bien le poli et la teinture en noir; il se pénètre de couleur assez profondément.

C'est avec ce bois que l'on peut parfaitement imiter l'ébène; la cire ou le vernis lui donnent un poli glacé.

On en fait des cadres de tableaux qui sont très-propres et unis, car ce bois n'a pas de pores apparents.

J'indiquerai à l'article teinture le moyen de lui donner une bien belle couleur noire. La couleur rouge lui convient aussi parfaitement; à la gouge il se coupe très-bien, et les tourneurs aiment beaucoup à le travailler.

Son poids, lorsqu'il est sec, est de 730 kil. le mètre cube.

Marronnier.

Ce bois est très-important à cause de sa blancheur et de ses ondes ; il est tendre, se coupe bien, fait de bons gradins de secrétaire, ou de bureau, pour l'intérieur.

Il faut le conserver blanc, et comme tous les bois de ce genre, il faut le poncer à la graisse bien blanche et non salée, ou à l'eau, puis le vernir à la gomme laque blanche et mettre peu d'huile en vernissant, car il jaunit. On peut aussi en faire des filets, mais qui sont un peu tendres. Ce bois a bien son mérite pour les coffrets, les petits tiroirs, etc. ; il prend bien toute espèce de couleurs.

Il pèse 500 kil. environ le mètre cube.

NOTA.

Je parlerai des bois étrangers, mais, avant, il est utile que je donne une connaissance précise et exacte sur les manières de teindre, pénétrer ou imiter les bois indigènes.

Les procédés que j'expose ne sont pas mis au hasard, j'en ai trouvé dans les livres, mais ils ont tous été éprouvés et mis en pratique par moi-même.

Teinture et imitation des bois.

Les bois étrangers sont chers et par cette raison on doit chercher à les imiter par des moyens peu coûteux, surtout il est essentiel de les pénétrer profondément et de les préserver des insectes qui les dévorent.

Heureusement que le temps doit venir bientôt où l'invention de M. le docteur Boucherie sera mise en pratique. Hommage soit rendu à l'artiste célèbre qui nous a doté d'une aussi précieuse découverte. Par ses moyens d'opération les bois de nos pays ne se gâtent plus, ne sont plus mangés par les vers, et la couleur désirée imbibée dans l'arbre entier jusqu'aux branches, quoique entourées de leur écorce, sera conservée.

Le brevet d'invention de M. Boucherie me restreint dans mes recherches, ainsi que dans ce que je voudrais dire à ce sujet, seulement je me contenterai de faire comprendre à ceux qui n'ont pas connaissance de cette transformation de la couleur des bois par la pénétration entière de la pièce, les notions que je me suis acquises et les expériences que j'ai faites, afin qu'ils puissent les éprouver eux-mêmes en attendant que le docte inventeur livre à la publicité un secret si utile et dont il est impossible de faire le monopole. D'ailleurs ne serait-ce pas jeter une entrave dans la marche du progrès de l'ébénisterie en France.

J'ai la confiance que cette découverte qui s'applique sur une aussi importante branche d'industrie sera bientôt connue entièrement et que l'inventeur lui-même dotera notre pays des secrets qu'il a découverts, avec la générosité d'un artiste, nous lui délivrons nos sympathies et nos remercîments; mais le Gouvernement seul peut donner la récompense.

Voici la description de quelques procédés de teinture ainsi que des essais de pénétration.

Teinture en rouge.

On teint le bois en rouge par les substances suivantes, savoir : l'orseille, la garance, le bois de Brésil, le bois de campêche autrement nommé bois d'Inde, le carthame ou safran bâtard, le rocou, le santal, etc.

Par le bois de Brésil.

Faire bouillir pendant 2 ou 3 heures ce bois réduit en copeaux ou en poudre, dans un vase qui n'ait encore servi à aucun usage; il ne faut pas non plus que le vase soit en fer, en fonte, ni en cuivre, mais en terre. Voici les proportions pour 500 grammes ou une livre de bois de Brésil :

5 litres d'eau de rivière.

On obtient un violet foncé ou cramoisi en mettant un peu de potasse, de sel de soude ou d'alun.

2e MÉTHODE.

Faites infuser pendant une quinzaine de jours :

500 grammes bois de Brésil haché menu dans 5 litres d'urine.

Il faut remuer souvent, puis on fait bouillir et on tire au clair, on ajoute un peu d'alun suivant la nuance que l'on veut donner.

Pour la couleur rose.

On ajoute autant de perlasse que l'on a mis de bois de Brésil qui se nomme aussi bois de Fernambouc.

Pour le rouge capucine.

Le bois de Brésil bouilli seul donne cette couleur.

3e MÉTHODE.

Faire bouillir dans les proportions d'un hectogramme bois de campêche nommé bois d'Inde, dans un litre d'eau avec un hectogramme bois de Brésil et un litre vinaigre mêlé de la moitié d'urine ; alors jeter une pincée de cendres gravelées.

Rouge de rocou.

On coupe le rocou en morceaux et on le fait bien bouillir suivant la nuance qu'on veut obtenir, dans plus ou moins d'eau de rivière.

Rouge par la garance.

On fait infuser mais non pas bouillir (car la couleur changerait) :

100 grammes racine de garance.
1 litre eau de rivière.

Une pincée d'alun que l'on met à la fin, et si l'on désire la couleur plus vive on ajoute un peu de sel d'étain.

Rouge par l'orseille.

L'orseille est une pâte violette extraite de plusieurs espèces de lichen ; elle est soluble dans l'eau qu'elle colore en rouge-violet. Les acides rougissent l'infusion et les alcalis la rendent violette.

On fait dissoudre l'orseille dans l'eau chaude, mais on ne fait jamais bouillir cette couleur, on jette une pincée d'alun, et si on la désire écarlate on ajoute dans cette liqueur un peu de sel d'étain.

Rouge par le santal.

Faites dissoudre dans l'esprit de vin un peu de poudre de bois de santal ; délayez et passez à l'instant sans laisser évaporer ; cette couleur est prête à la minute.

Teinture des bois en bleu.

Par l'indigo.

L'indigo ne se dissout bien que dans l'acide sulfurique concentré : pour cela on verse peu à peu 400 grammes d'acide sulfurique sur 100 grammes d'indigo finement pulvérisé, on réduit en poudre fine, on délaye petit à petit la poudre dans l'acide de manière à former une bouillie épaisse.

On chauffe le tout pendant 2 heures dans un vase de terre au bain-marie à une chaleur régulière, ménagée au point qu'on y puisse tenir la main. On laisse refroidir, puis on ajoute un peu de bonne potasse sèche en poudre, on agite le mélange et on laisse reposer 24 heures.

La couleur devient très-foncée, mais on peut la mettre à la nuance désirée en ajoutant de l'eau.

Cette couleur est solide, mais il faut mettre de l'acide sulfurique concentré.

Teinture en bleu par le bois d'Inde.

On fait bouillir pendant 20 ou 24 heures 100 ou 200 grammes de ce bois dans un litre d'eau, on ajoute 10 grammes de vert-de-gris, on agite bien et l'on obtient un bleu plus ou moins violet en ajoutant 20 ou 30 grammes de perlasse par litre d'eau.

2e MÉTHODE.

Un litre d'eau de rivière et 200 grammes de tournesol que l'on fait bouillir pendant une heure, mais il faut avant avoir fait infuser un peu de chaux vive dans le litre d'eau ; on peut de suite l'étendre sur le bois.

3e MÉTHODE.

Prenez un peu d'acide nitrique dans lequel

on fait fondre du cuivre rouge. (Cette eau se nomme nitrate de cuivre). Passez à chaud cette couleur sur le bois, mais avant faites dissoudre 100 grammes de perlasse dans un litre d'eau, et après avoir passé la teinture d'acide et de cuivre, vous passerez plusieurs couches de l'eau de perlasse ; le bois prendra une belle couleur bleue.

On peut aussi teindre en bleu en faisant dissoudre du prussiate de potasse dans de l'eau tiède.

Teinture en jaune.

Les substances premières sont : le curcuma, la graine d'Avignon, le quercitron, le fustet, le bois jaune et la gaude ; mais la plus belle couleur jaune est donnée par la gomme-gutte dissoute dans l'eau chaude bien claire.

2e MÉTHODE.

Poudre de racine de curcuma, 100 grammes.

Dans 3/4 de litre d'alcool, laisser infuser 24 heures, bien boucher, puis étendez la couleur, elle est faite.

On teint encore en jaune en faisant dissoudre du chromate de potasse dans de l'eau tiède.

Jaune rouge pour l'acajou.

Passez sur le bois une couche d'acide nitrique et chauffez chaque pièce également devant un feu de copeaux, sitôt sec lavez vos pièces de bois à l'eau claire pour enlever le reste de l'acide qui se brunirait.

Quand l'opération est bien faite, c'est la plus belle et la plus solide couleur d'acajou.

Teinture en Noir.

Faites bouillir du bois d'Inde avec un peu d'alun jusqu'à ce que la teinture soit bien violette, mettez-en plusieurs couches sur votre bois.

Puis faites bouillir du vert-de-gris dans du vinaigre, sans respirer au-dessus, car l'odeur n'est pas bonne, et après avoir fait bouillir assez longtemps, passez autant de couches sur votre bois qu'il en faut pour faire bien noir.

Autre teinture en Noir.

Pour 2 litres eau de rivière mettez 100 grammes sulfate de fer ou couperose verte et 400 grammes noix de galle concassée menu, faites chauffer le tout jusqu'à ce qu'il soit prêt à bouillir.

Puis faites dissoudre dans de bon vinaigre 400 grammes limaille de fer, frottez-en le bois, puis passez ensuite de la 1re teinture, laissant sécher chaque couche.

Véritable bois d'Ébène.

Il est à remarquer que l'ébène, qui est un bois très-dur, ne peut bien être imité qu'avec du bois qui soit compact : le poirier est celui qui convient le mieux pour cet usage.

VOICI LA MÉTHODE A SUIVRE.

Prenez un pot de terre neuf, mettez un litre 1/2 d'eau de rivière, 180 grammes noix de galle concassée et 100 grammes bois d'Inde haché, puis 30 grammes sulfate de fer et 30 grammes vert-de-gris, faites bouillir ensemble tous ces ingrédients, passez le tout, chaud, à travers un linge et étendez cette couleur sur votre bois, puis laisser sécher.

Ensuite mettez dans un autre vase 200 grammes limaille de fer dans 1/2 litre de fort vinaigre, faites un peu chauffer cette teinture, puis passez-en plusieurs couches sur le bois déjà noirci, laissant sécher chaque couche et frottant chaque fois avec un papier de verre très-fin.

On passe autant de couches de chaque couleur qu'il paraît nécessaire. Si l'on désire avoir un noir encore plus beau, il faut avant tout passer sur son bois deux couches d'eau seconde ou bien un petit verre d'acide nitrique mis dans quatre verres d'eau claire.

Couleur de Noyer.

Il est vrai que le brou de noix fait de la couleur de noyer, mais cette couleur est un peu terne, je préfère celle-ci : dans un litre d'eau mettez 200 grammes de terre de Cologne, laissez bouillir un quart d'heure en remuant toujours avec une spatule en bois ; il faut que le vase soit grand de trop afin que la couleur ne s'échappe pas du feu; quand elle a bouilli un quart d'heure, mettez 50 grammes de potasse ou 100 grammes de sel de soude, retirez du feu et la couleur est prête.

Couleurs composées.

On sait que le jaune et le bleu forment le vert et que, en mettant plus ou moins de l'un ou de l'autre on peut varier les nuances. De même le rouge et le noir font le marron, le rouge et le jaune, l'orange, ainsi de suite ; avec les mélanges on obtient toutes les teintes désirables.

Couleur Verte.

Mettez du vert-de-gris broyé fin dans du vinaigre très-fort avec un peu de couperose ou sulfate de fer, faites bouillir pendant un quart d'heure et passez votre bois à l'ordinaire.

Autrement.

Passez votre bois à la couleur bleue, puis ensuite mettez-lui quelques couches de gomme-gutte dissoute dans l'eau tiède.

Ou bien passez l'eau de chromate de potasse sur la couleur bleue, elle deviendra sitôt verte.

Couleur Violette.

Le bois de Brésil et l'alun donnent la couleur violette Pour l'obtenir plus ou moins foncée, il faut passer le bois en couleur rose, ensuite on y passe la couleur bleue selon les nuances que l'on désire.

Observations.

Les couleurs, soit composées ou naturelles, doivent être employées à froid, car à chaud le bois travaillé peut se bomber et la couleur chaude fait dilater les pores du bois.

Couleur Grise.

Les sulfates de cuivre dissous dans l'eau tiède donnent la couleur grise sur les bois qui n'ont pas de tannin, autrement ils donneraient la couleur noirâtre sur le chêne, le noyer et l'aulne.

Moyen d'enlever une couleur trop foncée ou qui a tourné.

La couleur rouge tourne facilement au brun ou au violet trop foncé, et souvent cet effet a lieu lorsque la couleur est sèche ; mais voici un moyen d'enlever une mauvaise couleur lors même qu'elle serait noire : il suffit de passer sur le bois, avec une petite éponge au bout d'une spatule, tout simplement une couche d'acide sulfurique (ou huile de vitriol) et de laver à l'eau fraîche.

FAUX BOIS.

IMITATION PARFAITE DE L'ACAJOU, NOYER, PALISSANDRE, ETC.

Pour obtenir l'imitation des bois naturels par des procédés solides et faciles, il faut d'abord opérer avec précision, goût et adresse ; voici les moyens que l'on peut employer :

Acajou.

On emploie, le plus ordinairement, pour les bois massifs, tels que : siéges, meubles plaqués, etc., l'acide nitrique, ou la chaux éteinte.

Procédé à l'eau-forte ou acide nitrique.

Passez sur le bois une couche régulière d'acide, et aussitôt après, chauffez la pièce partout également si elle supporte cette opération, puis laissez sécher. On aura soin de ne mettre que l'eau nécessaire pour égaliser l'acide et arrêter sa trop puissante pénétration ; sans cela il brunirait le bois et la couleur serait inégale et terne. On peut ensuite poncer à l'huile ou à l'eau d'amidon.

Acajou vieux.

Le santal rouge dans le tampon en vernissant imite le vieil acajou; mais il en faut très-peu. Pour plus de régularité, on doit passer sur le bois une couche de santal pilé, dissous dans l'esprit de vin. On adoucit après avec du papier de verre usé, et on y passe ensuite du vernis ordinaire.

Avec un peu de curcuma en poudre ou râpé

et mêlé avec autant de santal, on imite aussi l'acajou, bien mieux que par les anciennes recettes.

Je ne m'étends pas davantage sur ce procédé, car il est connu.

Procédé à la chaux.

Faites infuser la chaux, passez ensuite, avec son lait, une couche régulière sur le bois et laissez sécher; enlevez la poussière avec une brosse. Il reste sur le noyer blanc et le cerisier une jolie couleur, qui est très-solide et qui peut supporter le vernis, la cire, l'encaustique, etc., sans s'altérer.

Imitation du Palissandre.

Pour les meubles, deux moyens sont également bons; bien entendu que je ne m'occupe pas de la peinture en faux bois : elle se fait par un peintre et avec des drogues qui forment une épaisseur; mais je parle de la teinture et imitation des veines, sans aucun relief sur le bois, pouvant être ciré ou vernis, soit au tampon, soit au pinceau.

1er *Moyen.* — Le noyer est préférable pour imiter le palissandre; le hêtre ne peut servir que pour les objets de bas prix. Il faut passer une couche de teinture de bois d'Inde ou de Brésil, à laquelle on ajoute, pour la rendre violette, un peu de cendres gravelées. Dès que cette couleur est sèche, on prend un pinceau plus large et mince, on le lie comme un balai, et l'on met un peigne pour tenir les poils écartés par petites séparations, on prépare une eau composée de vinaigre et de clous rouillés, ou de l'oxyde de fer, ce qui paraît être une eau claire. On y trempe le pinceau dont j'ai parlé et on trace des veines suivant son goût; mais on doit tâcher surtout d'imiter les plus beaux bois naturels.

Il ne faut pas passer le pinceau plusieurs fois au même endroit pour ne pas confondre les nuances. On doit laisser sécher, et les veines prennent, en séchant, un beau noir, produit par le mélange avec la couleur rouge qui a été mise avant. Ce noir est fort joli, car avec ces deux compositions vous obtenez aussi de l'encre de 1re qualité.

Quand les veines sont sèches, on peut vernir après avoir poncé, soit au pinceau soit au tampon, cirer à l'encaustique ou à la cire. Cette couleur pénètre assez profond.

2e *Moyen.* — Poncez le noyer comme à l'ordinaire pour lui donner après la nuance du palissandre, ensuite vernissez après avoir fait dissoudre de l'orseille dans votre vernis pour lui donner une couleur rouge-violet. L'orseille est une plante qui, réduite en pâte, se mêle très-bien avec les vernis, et les rend même solides. On met de cette pâte dans le flacon, et on vernit à moitié.

Après avoir verni à moitié soit au tampon, soit à l'éponge fine, en allant et venant, avec le vernis rouge dont j'ai parlé, qui sèche de suite après, on peut faire les veines du bois avec toute l'adresse possible. Voici à cet effet la méthode à suivre :

Délayez du bon noir de fumée dans du vernis au tampon, remuez bien, puis prenez un vieux morceau de tricot de laine à grosses mailles, que vous trempez dans cette préparation et que vous passez ensuite sur le bois à moitié verni, en tremblottant, sans appuyer, pour onduler les veines. Les mailles de tricot laissent les clairs, et on laisse des parties resserrées rouges pour les bois unis; on fait sécher un instant, ensuite on ponce très-légèrement avec un morceau de papier de verre usé et fin, et on achève de vernir au tampon avec moins d'orseille qu'en commençant. Les veines s'unissent, s'adoucissent et le vernis devient poli et brillant.

Alors l'illusion devient complète ; j'ai vu l'œil le mieux exercé s'y tromper. A Lyon, j'ai été témoin d'un pari soutenu par un ébéniste très-habile, qui prenait pour du véritable et beau palissandre un panneau de lit préparé d'après cette méthode.

Ce vernis peut aussi s'employer au pinceau.

NOTA. L'orseille se trouve chez tous les droguistes et chez tous les pharmaciens.

Imitation de l'Ebène.

Vernissez en mettant dans le tampon du bon noir de fumée mêlé avec du bleu de Berlin de 1re qualité.

Imitation du Calcédra.

Vernissez, avec très-peu de terre de Cologne et de terre de Sienne, mêlées dans le tampon. Faites les veines comme pour le palissandre.

Imitation du Citronnier.

Curcuma et gomme gutte dissous dans l'alcool. Passez une couche sur le bois avant de vernir.

On peut mettre la poudre du curcuma dans le tampon.

Imitation du Noyer.

Vernissez avec un peu de terre de Cologne. Faites les veines comme pour le palissandre.

La belle couleur de noyer s'obtient en faisant bouillir la terre de Cologne avec un peu de potasse.

Celui qui saura faire le faux palissandre, saura faire aussi, avec goût, les autres faux bois.

Observations sur la pénétrabilité des bois.

Tous les sulfates pénètrent dans le bois avec une force puissante.

Prenez du sulfate de cuivre ou vitriol bleu en pierre, délayez-le dans un vase avec de l'eau claire tiède, puis étendez cette liqueur sur le bois travaillé. Chaque espèce prendra une nuance un peu différente; le frêne, par exemple, prend une couleur vert-bleu qui est superbe et solide.

Les bois verts, coupés au moment de la végétation de mars, dont la sève est montante jusqu'en mai, se pénètrent, quoique entiers et tout ronds, en les trempant dans de l'eau tiède où l'on fait dissoudre du sulfate de cuivre, dont la proportion doit être de 500 grammes sur 10 litres.

Il est nécessaire d'ôter les racines, et de mettre tremper le bois par le gros bout ; ceux qui se pénètrent moins sont ceux qui portent leur tannin, tels que : le chêne, l'aulne, le noyer. J'ai obtenu aussi de belles couleurs sur ces bois par l'infusion du sulfate de cuivre ou de fer tout simplement.

Le sulfate de fer produit la couleur rouille ; tous les sulfates mêlés avec les acides ont aussi une couleur différente. Le nombre en est très-grand ; il s'agit de faire des essais pour trouver de nouveaux résultats, du reste, je donne la clef de cette science qui fait honneur au génie d'un célèbre docteur de Bordeaux.

BOIS EXOTIQUES

LES PLUS PROPRES A ÊTRE EMPLOYÉS EN ÉBÉNISTERIE.

Acajou.

L'acajou est originaire d'Amérique, on en distingue de deux sortes : le dur et le tendre ; tous les deux sont une espèce de noyer de cette contrée.

L'acajou tendre est employé pour les meubles

ordinaires ou de bas prix ; ses pores sont tendres, son tissu est lâche et il est moins susceptible que l'autre de prendre un beau poli ; on peut pourtant, comme à tous les bois poreux, y passer une couche de vernis blanc, au pinceau, qui remplit les pores, ensuite on râcle légèrement le vernis de manière qu'il ne reste que ce qui est entré dans les pores, alors il se vernit à merveille.

L'acajou dur est d'un jaune rougeâtre, quand il est nouveau ; travaillé, il présente deux variétés : l'acajou veiné et l'acajou moucheté. Ce bois se fonce tellement en vieillissant qu'il devient d'un brun obscur ; le vernis retarde un peu le brunissement, sans l'empêcher néanmoins. Le noyer est bien préférable, mais il a le défaut d'être trop commun chez nous, voilà pourquoi on lui préfère l'acajou.

Il y a de l'acajou moucheté assez précieux pour les meubles ; cette variété est regardée comme la plus belle, et son effet est parfois admirable. Je le répète, il est regrettable que ce bois brunisse trop vite.

Il y a encore l'acajou ronceux qui se trouve dans les Fourches, et l'acajou ondé, qui fait toujours assez bien.

Il y a aussi une espèce d'acajou bâtard dont on fait des caisses de cigares ; je crois que ce n'est autre chose que le bois connu sous le nom de calcédra.

Le prix du vrai acajou varie, suivant la beauté, depuis 50 jusqu'à 150 francs les 100 kilos ; il nous arrive d'Amérique en billes de 5, 6 et 8 mètres de long ; quelques-unes portent même jusqu'à un mètre d'équarrissage. On prétend qu'aux Antilles on a vu des planches en acajou de 2 mètres de large.

Les Anglais ont employé les premiers ce bois pour meubles ; il est si commun chez eux à cause de l'étendue de leur commerce dans le Nouveau-Monde, qu'il est souvent employé, même dans la menuiserie.

Aloès.

Ce bois n'a rien de commun avec la plante connue sous ce nom. Il vient de la Cochinchine ; c'est le plus rare des bois et celui qui est du plus grand prix. Dans l'Inde, les parties odorantes se vendent au poids de l'or ; il est connu dans ces pays sous le nom de calambac.

L'agalloche est, je crois, une variété de ce

bois; c'est un petit arbre tordu et noueux dont les nœuds, près des racines, sont remplis d'une matière onctueuse très-inflammable, qui, étant râpée sur des charbons ardents, répand une délicieuse odeur de benjoin. Les Grecs avaient un bois de ce nom dont ils faisaient grand cas.

Une autre espèce d'aloès nous est apportée de l'Inde en bûches de 15 à 20 centimètres, bois très-pesant, d'un rouge brun, parsemé de lignes résineuses et noirâtres, remplies de petits trous dans lesquels est contenue une résine rousse, très-odorante, qui, en brûlant sur des charbons, répand un parfum des plus agréables. On fait avec ce bois des boîtes, des étuis, des objets précieux, etc.

Le bois d'aigle est encore une variété de ce bois. On lui donne le nom de bois d'aloès, parce que sa saveur est amère comme le suc de cette plante qui fournit la résine purgative.

Bois d'Amaranthe.

Ce bois possède naturellement cette couleur, son fil est droit, il est assez dur, il se rabote et se polit bien, il fait un très-bel effet mis en contraste avec quelques bois d'une autre nuance.

Bois d'Amourette.

Il vient de la Chine, il est fin, dur et serré, il se travaille et se polit bien, suivant la manière dont il est coupé; ses veines forment, en raccords, des jeux de nature qui sont des plus intéressants. Il convient très-bien pour cadeaux, tels que : petites boîtes d'étrennes, corbeilles de mariage et nécessaires de toilette.

Ses différentes nuances sont depuis le rose jusqu'au brun foncé ; c'est avec ce bois que les plus grands personnages du monde font fabriquer les petits meubles destinés à leur fiancée pour cadeaux de noces.

Bois de Brésil.

Ce bois râpé ou effilé en copeaux menus, puis bouilli dans l'eau, donne une teinture rouge plus ou moins foncée. Ce bois étant assez dur reçoit un beau poli; son intérieur est rouge pâle, mais il devient foncé exposé à l'air.

Le bois de Brésil prend aussi le nom de bois de Fernambouc.

Bois de Campêche ou bois d'Inde.

Ce bois presque incorruptible n'est guère employé que pour la teinture ; sa couleur est un rouge brillant qui brunit à l'air et en vieillissant. Il vient d'Amérique d'où il nous est apporté en bûches considérables, pour la teinture. Il est bon de l'acheter en bûches, car lorsqu'il est coupé, on le mêle avec d'autres bois qui n'ont point la vertu de celui-ci.

Le bois de Cèdre.

C'est un des plus beaux et des plus grands arbres du monde ; autrefois sur le mont Liban on en voyait de 40 à 50 mètres, on n'en trouve plus guère maintenant si ce n'est en Syrie et en Sibérie.

Il y en a aussi beaucoup en Amérique, ainsi que dans l'île de Chypre; les moins élevés et les moins beaux sont ceux de Sibérie.

Ce bois, rayé comme le bois de sapin, a deux variétés différentes qui sont le rouge et le blanc : le rouge est le plus beau, c'est un bois plein, assez ferme, couleur rougeâtre, presque jaune ; les séparations de ses couches annuelles tirent sur le violet, il possède une très-bonne odeur de musc.

Ce bois passe pour être incorruptible, c'est pour cela que les anciens l'estimaient et en faisaient grand usage dans leurs meubles. Puis chacun sait que le grand roi Salomon avait choisi ce bois pour les charpentes du temple de Jérusalem où de bien beaux ouvrages étaient exécutés avec ce précieux bois. Le savant Sénèque avait, dit-on, un grand nombre de tables en cèdre toutes portées sur des pieds en ivoire.

La plupart de nos crayons sont faits en bois de cèdre. Il est à regretter qu'il ne soit pas rendu commun en France, car les meubles de ce bois parfumeraient nos habits et nos appartements.

Le cèdre blanc a l'odeur assez bonne, mais il est loin d'être aussi beau que le rouge.

Le Citronnier.

Ce bois, originaire d'Asie, fut transporté en Grèce par les conquêtes d'Alexandre. De là les Romains l'introduisirent en Italie. Le bois de citronnier était très-estimé, sur la fin de la république romaine. Pline le naturaliste dit qu'il fallait être un grand seigneur pour faire usage de ce bois, dont la beauté consistait dans les ondes, les broussins noueux et les racines.

Maintenant ce bois se trouve dans tous les pays du midi.

Le bois de Corail.

Ce bois est fin et dur et n'est guère employé qu'en marqueterie, à cause de son uniformité.

Le corail damassé, quoique assez joli, n'est guère en usage.

Le Cyprès.

Les auteurs anciens disent que ce bois est incorruptible ; c'est un arbre de moyenne grosseur qui vient des montagnes de Candie et des îles de l'Archipel ; il est de couleur jaune, solide et serré ; coupé par bout, il ressemble un peu au sapin; il est léger , ne se fend point, n'est jamais mangé des vers et ne se pourrit pas, il se polit bien et son odeur est presque aussi bonne que celle du cèdre.

Sous le règne de l'empereur Constantin on en fit les portes de l'ancienne église de Saint-

Pierre à Rome; ce qui est certain, c'est qu'elles ont duré plus de onze cents ans.

De l'Ebène.

C'est de ce bois que dérive le nom d'ébéniste que l'on donnait autrefois aux ouvriers qui travaillaient des bois étrangers. On appelait ébène tous les bois durs étrangers de couleurs différentes, on disait, ébène rouge, verte, noire, violette, jaune, etc.; mais d'après les connaissances actuelles on a réservé le nom d'ébène seulement à l'espèce à qui le nom appartient.

On en distingue de trois espèces : la noire, la brune et la verte.

L'ébène nous vient des Indes et de l'île de Madagascar.

Ce bois a bien perdu depuis que l'on sait si bien imiter tous les bois indigènes par les teintures.

L'ébène est un bois très-dur qui se polit à merveille, d'un noir parfait, et se compte parmi les bois précieux à cause de sa couleur et de sa dureté. L'ébène de Portugal, ainsi nommée à cause des colonies d'Amérique qui appartiennent à cette puissance, est moins noire que l'autre, mais son noir est assez beau : il est un peu tirant sur le rougeâtre; elle est plus dure que la noire qui est préférable à celle-ci à cause de son noir parfait.

L'ébène verte ressemble un peu au grenadille; elle fait d'excellents outils à moulures, de bons manches de couteaux de table; très-précieuse, pour le tour et pour les règles et équerres de dessin.

Le cytise des Alpes, arbre de nos pays, est une espèce d'ébène d'un grain fin et serré ; sa couleur jaune-pâle est un peu nuancée de vert, mais il est loin de l'ébène des Indes.

Il se fait de fort beaux meubles en ébène, sans être vernie, seulement poncée à l'huile, puis frottée.

Du bois de Fer.

C'est avec ce bois que les sauvages font leurs piques, leurs lances, leurs flèches et les cognées pour couper les autres bois. Il est excessivement dur, les Chinois en ont fait jusqu'à des ancres de vaisseaux.

Il est parfait pour faire des guillaumes et le fût des outils de moulures; sa couleur est brune tirant au noir.

Le Gaïac.

Ce bois a une certaine ressemblance avec l'amandier ; il est assez employé par les tourneurs surtout pour les galets ou roulettes de lits.

Le Grenadille.

Ce bois ressemble aussi un peu à l'ébène verte, mais il a les veines comme l'amandier ; il n'est presque employé que par les tourneurs ; il se polit bien, il est sonore et de couleur brun-olive.

Le Palissandre.

Ce bois aujourd'hui est à la mode, il mérite en effet une place distinguée dans l'atelier de l'ébéniste. Il est recherché, car il répand une odeur de violettes assez agréable (lorsqu'on le travaille) ; ce qui donne cette odeur, c'est la résine, dont ses pores grossiers sont remplis, qui se volatilise par l'échauffement.

Le palissandre nous arrive d'Amérique en bûches d'une forte grosseur. On doit le poncer à l'huile de lin mêlée à l'essence de térébenthine, puis mettre dans le vernis à dissoudre un peu d'orseille pour lui donner une teinte violette qui lui convient admirablement.

Nous parlerons du bois violet naturellement qui semble être de la même nature et de la même grosseur que le palissandre.

Bois de Rose.

Le bois de rose est un des plus agréables que l'on puisse employer en ébénisterie ; il fut introduit en Europe il y a près de 120 ans ; sa beauté le fit rechercher pour les meubles de prix. Ce bois a le défaut de perdre sa couleur rouge, qui perd sa vivacité et devient pâle avec le temps. Malgré cela, mis en rapport avec le palissandre ou le bois violet, il tranche vivement et produit un effet admirable. Ce bois est médiocrement dur, sa couleur est jaune paille rayée de veines d'un rouge violet clair.

Le bois violet noircit à l'air et le bois de rose blanchit, voilà pourquoi en vieillissant l'effet devient encore plus frappant lorsqu'ils sont en rapport. Le bois de rose doit se polir et se poncer à sec. Il faut avoir soin d'enlever la poussière à mesure qu'elle paraît, afin qu'elle ne reste pas dans les endroits tendres.

Ce bois est gras sous l'outil, il se coupe bien

au ciseau et, quand on le travaille, il répand une légère odeur de rose.

Le bois de rose, par son nom et sa couleur, semble être destiné aux meubles de cadeaux, tels que : nécessaires à bijoux, corbeilles de mariage, écrans, objets tournés, etc.

Il mérite, en effet, la place qu'on lui donne; car il est d'un très-bel effet.

Le bois de Santal.

On connaît trois espèces de santal : le blanc, le rouge et le citrin, mais le rouge est le seul qui soit employé pour la teinture ; ce bois, réduit en poudre, sert à colorer les bois d'un éclat très-vif, mais il ne se dissout que dans l'alcool ou esprit de vin. Cette couleur pénètre le bois assez profondément, de manière qu'on peut le poncer, le râper même avec un papier de verre très-fin sans enlever la couleur. On vernit ensuite.

Du bois Satiné.

On distingue trois variétés de ce bois : l'ordinaire, le jaune et le rouge. L'ordinaire a la couleur jaune clair, le 2e jaune foncé, le 3e est de couleur rouge chatoyant ; il fait des re-flets d'une grande beauté.

Ces bois sont très-durs, prennent bien le poli et se travaillent bien au rabot ; ils nous viennent des Antilles. Ils sont pleins, très-résineux et poreux ; étant polis, ils prennent des reflets satinés.

Le Tuya.

Ce n'est que depuis deux ou trois ans que ce bois nous a été envoyé d'Afrique, d'où il semble être originaire. Il y en a de loupeux, qui a un effet superbe en placage ; sa couleur tient le milieu entre le palissandre et le noyer ; il est plus gris que le frêne, il ressemble à l'ormeau, mais il est plus ondé et plus chatoyant que lui. Ce bois sera bientôt connu partout, car il devient à la mode.

Du bois Violet.

Le palissandre semble être une variété de ce bois, mais le bois violet est plus estimé ; il est de la même origine que le palissandre, mais il est plus beau que lui, cependant il a le défaut de se ternir quand il est exposé à l'air, mais le vernis le conserve et lui donne une glace admirable.

Je viens de décrire les bois étrangers ou exotiques, les plus précieux pour l'ébénisterie, j'ai cru inutile de faire la nomenclature de tous les bois connus, on a bien assez de s'occuper de ce qui concerne cet art si délicat et si difficile.

Après avoir fait connaître les bois les plus utiles au menuisier-ébéniste ainsi que les couleurs qui leur sont applicables, je vais donner les méthodes les meilleures pour poncer, polir, cirer et vernir les bois et les métaux.

Du poli à la cire.

Afin d'avoir un meuble à la cire qui présente un beau poli, il faut bien poncer le bois à l'essence de térébenthine après avoir passé la couleur que l'on a jugé convenable ; ensuite l'on peut étendre la cire avec le liége, on la fait fondre au fer sans trop de chaleur, car la cire brûlerait, et le résidu qui serait employé n'aurait qu'un effet terne et sombre, il vaut mieux pour toute sûreté le frottement en liége, qui est plus pénible, il est vrai, mais aussi qui conserve la pureté et l'essence de la cire, qui se noircit et s'évapore avec le fer.

Il est très-rare que l'on rencontre de la cire bien pure, il faut pour cela l'acheter et la fondre soi-même, autrement la cupidité des marchands fait qu'elle ne nous arrive que très-dénaturée. Ainsi on mélange avec la cire, pour la frauder, une partie de poix résine ou de stéarine en bougies, d'autres fois c'est de la graisse ou de l'huile de lin. Je répète donc qu'on est sûr qu'elle n'est pas pure quand on ne l'a pas préparée soi-même. C'est pour cela que je vais donner le moyen de la faire.

Manière de fondre la cire.

Après la récolte du miel il ne faut pas tarder de purifier la cire, autrement il s'y établit une fermentation où des insectes déposent leurs œufs, puis des vers éclosent, qui mangent la cire et ne laissent à la place que des ordures.

On émiette la cire dans un chaudron bien nettoyé ; on verse de l'eau par dessus, et on la fait cuire jusqu'à ce qu'elle soit entièrement fondue et surmontée d'une écume jaune. Pour l'empêcher de monter et de s'échapper du vase, il faut la remuer sans discontinuer et verser, de temps à autre, un peu d'eau froide; ensuite on met dans une toile la quantité convenable pour une pressée. Le pressoir doit être échauffé avec de l'eau bouillante, ainsi que le linge dans lequel on verse la cire fondue.

Pour une petite quantité de cire, une petite presse suffit ou un petit pressoir auquel on donne la forme que l'on désire, seulement il faut continuellement le tenir arrosé avec de l'eau bouillante; mais comme l'on ne peut extraire d'une seule fois toute la cire, il faut faire cuire le marc pour le presser une seconde fois.

Ponr une plus grande quantité de cire il faut avoir une presse plus grande en bois dur, une forte vis, et la tenir continuellement bien chaude, sans quoi la cire ne coulerait pas. Quand la cire a été pressée, on la jette dans les moules que l'on désire. C'est avec de la cire bien pure que l'on peut obtenir un poli convenable, alors la meilleure recette est de l'étendre fortement, avec un linge de laine, après avoir passé le liége avant la laine. Je sais que la manière de cirer est connue, malgré cela il y a toujours quelques amateurs à qui ces détails peuvent servir.

De l'Encaustique.

Il y a plusieurs recettes pour faire l'encaustique; je ne décrirai que les meilleures méthodes afin que l'on puisse opérer à coup sûr.

Dans un vase neuf on fait fondre 120 grammes de cire blanche ou jaune et lorsqu'elle est liquéfiée, on ajoute 200 grammes de bonne essence de térébenthine et l'on remue en ôtant le vase du feu, qui doit être sans flamme, de crainte que l'essence prenne feu ; en la mettant on agite continuellement jusqu'à l'entier refroidissement.

Pour s'en servir on en met un peu sur le bois, et l'on frotte avec un morceau de drap jusqu'à ce que le brillant ait paru et que cet endroit soit bien sec ; on peut colorer cette espèce de pommade avec un peu d'orcanette dissoute dans l'essence de térébenthine.

2e MÉTHODE DITE ANGLAISE.

Mettez 100 grammes de cire, soit blanche soit jaune, dans un pot avec 500 grammes d'huile de pétrole rectifiée. On étend sur le bois teint une légère couche de ce mélange, tandis qu'il est légèrement chaud ; l'huile de pétrole s'évapore très-vite et laisse sur le bois une faible épaisseur de cire ; on frotte avec un morceau de laine, le bois prend un beau poli et produit un effet assez brillant.

3e MÉTHODE.

Quant à moi, voici la composition dont je me sers, lorsque j'ai besoin d'enduire un meuble à la cire :

Cire jaune	200	grammes.
Essence de térébenthine .	120	—
Colophane.	30	—
Sandaraque en poudre .	15	—

Pour le rouge, on ajoute de l'orcanette que l'on fait infuser dans l'essence, puis on filtre à travers un linge, ensuite on fait fondre la colophane et la sandaraque et on mêle le tout, on agite le mélange jusqu'à entier refroidissement.

Encaustique pour les parquets.

Cire jaune ou blanche. .	250	grammes.
Eau de rivière ou de pluie	2	litres.
Savon blanc..	60	grammes.
Sel de tartre. , . . .	30	—

On peut, dans cet encaustique, introduire la couleur que l'on désire, telle que : ocre jaune, ocre rouge, jaune de chrôme, terre de Sienne, terre d'ombre, noir d'ivoire, etc. ; seulement il faut avoir soin de passer la couleur que l'on désire par un tamis bien fin, ensuite on peut l'appliquer au pinceau, puis on frotte jusqu'à ce que l'on obtienne un brillant parfait.

Polissage et Ponçage.

Le bon papier de verre est la meilleure chose que l'on puisse employer pour polir les bois, soit à sec soit à l'huile, mais il faut qu'il soit bon. Il est plus commode que la pierre ponce, d'ailleurs il est très-difficile de trouver une pierre ponce qui ne raie pas : cependant si parfois on peut en rencontrer une, elle est bien précieuse pour l'ébéniste, elle ne cause pas tant de frais que le papier de verre.

Mais aussi le papier de verre se trouve de toutes grosseurs jusqu'au n° le plus fin, ce qui permet de choisir degré par degré les n[os] qui conviennent, ensuite on peut piler de la pierre ponce et la tamiser fine, puis la mettre dans un linge en forme de tampon ; ainsi la poudre de pierre ponce, soit pilée soit limée, enveloppée dans un linge en forme de tampon, donne un poli très-uni et très-beau, surtout employée à l'huile de lin ; on essuie ensuite avec un second tampon rempli de pierre ponce en poudre, mais cette fois sans mettre de l'huile, ou avec un peu de tripoli que l'on étend sur le bois et que l'on frotte avec un morceau de peau bien souple.

Pour les bois clairs, à la place du tripoli on met de la poussière de pierre ponce. Ce moyen sèche l'huile qui, sans cette opération si utile, resterait et se ferait jour à travers le vernis.

Ces détails dont bien des ouvriers ne font point de cas, sont suivis avec soin dans les principaux ateliers de la capitale.

Les bois qui craignent la tache, tels que : le maronnier, le frêne et le chêne blanc, on doit les poncer à sec, ou avec du lait d'amidon.

On doit savoir que pour avoir un beau vernis il faut avoir soin de poncer avec attention, c'est-à-dire de rendre bien unie la partie que l'on se dispose à vernir.

Les meubles qui sont destinés à être cirés d'une manière brillante, doivent être poncés à l'huile de lin avec un papier de verre ou la pierre ponce. Ensuite on doit mettre encore un peu d'huile et frotter fortement avec un morceau de liége, puis sécher l'huile avec de la poussière de bois bien fine, jusqu'à ce qu'il n'en reste plus. Ensuite on peut cirer, mais toujours en ayant soin de bien étendre la cire avec le liége seul. On peut se servir des encaustiques ci-dessus.

Avant de terminer cet article sur les meilleurs moyens de poncer le bois, je vais donner une méthode à moi.

Je replanis bien d'abord soit au rabot bien tranchant et à petit fer, soit au racloir ou avec tous les deux s'il le faut; puis avec du papier de verre moyen, je ponce à l'huile ou au lait d'amidon, suivant le besoin; puis je jette de la pierre ponce très-fine et tamisée, et avec un morceau de liége bien doux, je frotte fort en ayant soin, de temps en temps, de soulever le liége pour prendre la poussière qui s'écarte.

De cette manière on a toujours de la poussière de pierre ponce qui sert aussi pour les premières couches de vernis quand c'est sur les bois de couleur foncée. Le liége ne raie jamais le bois. Bien plus commode que toute autre chose, il sert aussi de cales à poncer; j'engage les amis de la perfection à s'en servir. Ainsi soit avec le tampon rempli de pierre ponce, ou avec le linge et le tampon, ces deux méthodes sont très-bonnes. On en connaît l'avantage sur le tour et dans les pièces contournées ou à moulures, etc.

On ne saurait trop prendre de précautions pour poncer le bois, car c'est de cette opération que dépend la richesse, le fini et la beauté du vernis. Maintenant je vais donner les recettes de la fabrication des vernis pour meubles, recettes toutes éprouvées et certaines; ensuite j'expliquerai les principes pour l'application.

Vernis surfin pour meubles.

NOUVEAU PROCÉDÉ.

Ce vernis dont la recette a été longtemps cherchée est appelé à remplacer entièrement l'ancienne méthode ; il est de la plus grande simplicité, et l'emploi en est le même que celui du vernis au tampon ; quelques coups d'essai suffisent pour s'en convaincre, car les principaux artistes de nos grandes villes se sont empressés d'adopter ce nouveau système.

La beauté se joint à la solidité, et le but que j'ai atteint est d'abréger le travail en faisant beaucoup mieux.

VOICI SA COMPOSITION :

Alcool ou esprit de vin 1re qualité
de 35 à 36 degrés. . . . . . 1 litre.
Benjoin en pierre 1re qualité. . 30 gram.
Gomme laque blonde, claire, fine 70 —
Verre blanc pilé . . . . . . .100 —

Le verre pilé que l'on croirait inutile, est au contraire d'une grande utilité ; il sert à dégager le vernis de ses impuretés et facilite la filtration, qui se fait en mettant un peu de coton dans un entonnoir.

Dès qu'il est filtré on peut l'employer, ainsi que je l'ai déjà dit, comme le vernis au tampon.

On peut le faire à froid ou à chaud, cependant il serait préférable à chaud, car le vernis cuit est plus solide, il ne laisse pas ressortir l'huile, que l'on doit faire cuire aussi avec une croûte de pain, puis par ce dernier moyen il n'est pas sujet à l'influence de l'atmosphère comme le vernis à froid.

Observations indispensables.

La résine, que je nomme benjoin, n'est pas ce que l'on vend dans certaines contrées sous ce nom ; le véritable benjoin est dur, il ressemble à une pierre rougeâtre, il flatte l'odorat par son parfum ; son prix est un peu élevé, mais il en faut très-peu.

Il y a aussi une matière que l'on vend pour du benjoin, c'est une térébenthine gluante qui, comme la résine nommée galipot, gâterait le vernis. Je dois faire observer que ces deux substances ne sont nullement propres à cet usage.

La manière d'employer ce vernis est la même que celle du vernis ordinaire, seulement il faut passer le tampon plus vite, car l'esprit de vin ou alcool étant de bonne qualité et d'un degré plus élevé, si on allait trop doucement, on perdrait par l'évaporation une grande quantité de la volatilité de l'alcool, ce qui rendrait le vernis moins beau.

On doit avant tout, ainsi que je l'ai dit, pour avoir un beau vernis, poncer avec soin, ensuite faire bien sécher l'huile en chauffant l'objet de loin et en le frottant avec un linge, ou encore mieux avec des copeaux très-fins et de la poussière de bois, ou du tripoli. Il faut faire attention qu'il n'y ait point de petites pierres ni de petits clous qui pourraient rayer, et l'on se verrait forcé de renouveler le ponçage.

Ces détails paraîtront un peu longs à ceux qui connaissent les principes de l'art de l'ébéniste, mais comme bon nombre d'amateurs et de menuisiers les ignorent, je vais, pour ces derniers, donner la manière d'employer mon nouveau vernis au tampon.

J'ai remarqué que j'obtenais un vernis très-supérieur lorsque je faisais ces préparatifs.

L'huile ne ressort plus quand le bois est bien séché, si on a le soin en vernissant d'en mettre très-peu pour commencer, et d'en ajouter quelques gouttes en finissant. C'est ce qui a fait dire aux anciens vernisseurs : qu'il faut faire maigre en commençant, et un peu gras en finissant.

Je confirme ces paroles qui sont véritables et je recommande de mettre l'huile en petite quantité plutôt qu'en abondance, car les trois quarts de nos meubles sont gâtés pour avoir un vernis trop gras.

Manière d'employer le nouveau vernis.

Prenez un morceau de linge de toile claire, à moitié usé, dans lequel vous mettez un morceau de vieux tricot à grosses mailles, dont la laine n'ait pas passé à la teinture, ensuite versez quelques gouttes de vernis dans ce morceau de vieux tricot, repliez les bords sur le vernis que vous aurez versé et par-dessus mettez votre linge qui entourera le tampon en forme de poire, ensuite prenez dans la main le bout du linge en serrant avec les doigts jusqu'au milieu du tampon, frottez en passant légèrement sur le bois bien poncé et en décrivant toujours des cercles enlacés les uns dans les autres.

On remet du vernis de la même manière lorsque le tampon a tout donné en ajoutant une ou deux gouttes d'huile de lin cuite ou d'olive dégraissée, et on continue l'opération jusqu'à ce que le bois ait ses pores parfaitement remplis. Je ne saurais trop recommander de mettre peu d'huile en vernissant.

Quant à la manière de mettre l'huile il faut la verser sur le tampon et non la jeter sur le bois, car de cette manière on en met toujours trop.

Quand on a fini de glacer le vernis, c'est-à-dire de passer une épaisseur convenable couche par couche, lorsque les pores du bois sont bien bouchés, il faut éclaircir, opération délicate mais indispensable, car sans cela le vernis serait toujours un peu terne.

Il est très-bon de laisser reposer et sécher le vernis avant d'achever de remplir les pores. C'est ce qu'on appelle vernir en deux fois, mais lorsque l'on veut éclaircir il faut le faire tout de suite ou presque aussitôt que l'on a passé le vernis, car si on laissait trop sécher il faudrait y mettre une couche nouvelle. Pour éclaircir le vernis, il faut que l'alcool soit très-bon, pour cela il doit sécher à mesure que le tampon a passé comme le souffle que l'on projette sur une plaque d'acier poli, tel qu'un fer de rabot, ou tout autre outil d'acier poli.

On peut sécher ou éclaircir le vernis avec le même tampon qui a servi pour vernir; mais il est bien plus convenable de le faire avec un tampon spécialement destiné à cet usage, et que l'on ferme, aussitôt qu'on s'en est servi, dans une boîte de fer-blanc nommée *boîte à tampon ;* c'est là qu'il faut renfermer tous les tampons afin que l'air ne les fasse pas racornir.

On met un peu d'esprit de vin sur le tampon à cet usage, et l'on frotte vite en tournoyant jusqu'à ce que la pièce soit d'un brillant de glace et d'une parfaite régularité dans toute l'étendue de l'objet. On peut y mettre une goutte d'huile pour faciliter l'éclaircissement de l'alcool ; on répète cette opération jusqu'à ce que la pièce soit d'un éclat de glace, et comme ce vernis a de grandes qualités pour remplir les pores, et pour être siccatif, le brillant le plus parfait ne se fait pas attendre, et pour peu que l'on soit exercé l'on arrive à vernir à merveille.

L'usage de ce vernis se répandra assurément car l'avantage en est très-grand ; plusieurs menuisiers en fauteuils en ont compris de suite l'importance, car ils se sont empressés de souscrire à mon manuel, d'essayer ma méthode. Je me suis transporté quelquefois chez de bons ouvriers qui avaient lu la 1re édition de mon livre, et sans me faire connaître, j'ai demandé si je pourrais obtenir le moyen dont ils se servaient pour vernir si bien, aucun n'a voulu me le dire, et j'ai vu avec plaisir qu'ils en gardaient le secret; j'ai aussi reçu souvent d'eux des lettres de remercîments que je conserve avec grand soin; en revanche je me suis empressé de leur envoyer diverses autres recettes que plusieurs m'ont demandées.

Les anciens maîtres gardaient leurs secrets au lieu de les livrer au public, ils savaient les faire valoir; ils avaient raison, aujourd'hui on devrait agir de même afin d'éviter la concurrence.

Si je faisais encore la profession d'ébéniste, je ne publierais pas mon manuel avant d'avoir réalisé quelques bénéfices sur mes recettes, mais ayant cessé cette partie pour des motifs de santé, j'aurais cru être coupable si j'avais privé quelques ouvriers intelligents du fruit de mes voyages et de mes recherches.

Je sais pourtant très-bien que l'ingratitude est souvent la récompense accordée à des hommes qui s'évertuent pour être utile à leurs semblables; malgré cela je n'ai reculé devant aucun sacrifice, et l'ingratitude m'offense d'autant moins que je connais les ouvriers. Ce n'est pas la spéculation qui m'a conduit, les frais que je fais, et le bas prix de cet ouvrage le témoignent assez. Je le répète donc, j'ai eu en vue l'utilité générale en cédant aux instances des bons ouvriers que j'ai connus et qui m'ont tous encouragé à consacrer mes loisirs à la publication de mes découvertes.

Voici un abrégé de la manière de vernir au tampon : Prenez un linge de toile claire et un morceau de tricot de laine à grosses mailles, que vous mettez dans le linge en repliant les bords du tricot en dedans, versez un peu de vernis dans ce tampon, très-peu pour commencer, fermez le tampon entre les doigts, passez ensuite légèrement en spirale votre tampon sur le bois, augmentez la composition de plus en plus et versez quelques petites gouttes d'huile sur votre tampon lorsqu'il tire, ou quand le vernis se roule.

Cela, pour celui qui ne sait pas vernir, vaut

mieux qu'un volume d'explications inutiles.

Nouveau vernis au pinceau.

Voici un vernis qui réunit les qualités suivantes : 1° il est très-siccatif ; 2° d'un brillant qui s'étend et se glace en séchant ; 3° il donne une odeur parfumée aux meubles où on l'applique, et cette odeur est des plus agréables et si légère qu'il faut être près pour s'en apercevoir.

VOICI SA COMPOSITION :

Alcool ou esprit de vin. .	200	grammes.
Benjoin en pierre 1re qual.	100	—
Mastic en larmes. . . .	30	—
Sandaraque.	20	—

Faites fondre à une douce chaleur toutes ces résines pilées ensemble, dans la quantité d'alcool, près d'un feu doux ou dans l'eau presque bouillante. Pour opérer ainsi, on prend une bouteille d'un verre très-fort, on la plonge extérieurement dans l'eau chaude petit à petit jusqu'à ce qu'on ait vu qu'elle supporte la chaleur, alors on verse l'alcool et les résines et on met encore petit à petit, dans l'eau chaude, la bouteille toute débouchée. Il faut remuer souvent en agitant avec la bouteille, et aussitôt que les résines sont fondues, le vernis est prêt à jeter sur le filtre.

Il ne faut pas boucher les vernis quand ils sont trop chauds ; pour les filtrer on met un linge double très-fin et on les fait passer au travers, ou encore on met un peu de coton cardé dans un entonnoir et on verse le vernis par-dessus, il se filtre parfaitement.

Pour mieux encore faciliter sa filtration et sa clarification, il est très-bon d'ajouter sur cette proportion 30 grammes de verre blanc pilé grossièrement, les résines sont plutôt fondues, car le verre empêche qu'elles ne s'agglomèrent, il accélère aussi la filtration par son poids.

Ce vernis peut servir pour moulures, sculptures, chaises, fauteuils, objets tournés, etc.

Tous ces vernis, une fois passés au pinceau, peuvent très-bien s'adoucir avec le tampon à l'esprit de vin mêlé d'une petite quantité de benjoin.

Quand on rencontre une partie de pur benjoin, on peu faire du vernis au pinceau très-bon avec cette seule résine mise à froid dans un poids égal d'esprit de vin qualité supérieure. On peut aussi l'adoucir au tampon, et seul il vernit très-bien et donne aux objets où il est appliqué cette douce odeur d'ambroisie qui fait plaisir à tout le monde.

Ce vernis, passé au filtre de coton ou de toile, devient très-clair, très-luisant et très-uniforme; il peut être employé partout, mais il faut l'appliquer avec des pinceaux très-fins, tels que ceux que vendent les marchands papetiers, et que l'on destine pour les couleurs sur du papier.

Lorsqu'on emploie ce vernis au tampon il faut ajouter, pour le rendre moins épais, la quantité voulue de bon esprit de vin.

A cet effet, je conseille aux personnes qui désirent s'en servir, de se munir d'alcool de vin de 1re qualité et non d'alcool de betteraves, ou de pommes de terre, qui contiennent une espèce d'huile volatile qui change extraordinairement l'effet désiré.

Il en est de même des autres matières qu'il faut de première qualité, c'est le moyen infaillible pour obtenir toujours de bons résultats; je répète qu'il faut filtrer au coton, ou au papier gris, puis recueillir dans des flacons que l'on doit tenir bien bouchés.

Il est nécessaire d'adapter le pinceau au

bouchon de manière à ce qu'il trempe continuellement dans le vernis, cela évite le lavage à l'esprit de vin qu'on est obligé de faire quand on veut s'en servir.

On doit employer des pinceaux très-fins de deux à trois lignes de grosseur, 4 ou 7 millimètres ; on les trouve chez les marchands papetiers.

Pour le palissandre, on y ajoute un peu d'orseille, qui s'y dissout très-bien. Cette préparation peut parfaitement se faire à froid, en ayant soin d'agiter le flacon après la dissolution. Jusqu'à présent bien peu d'ébénistes ont voulu comprendre que pour obtenir un brillant très-éclatant, il suffit de passer, soit sur massif ou placage, une légère couche de colle très-claire, le moins coloré possible, et pour les bois clairs, de la gomme arabique dissoute dans de l'eau tiède, afin de remplir les pores du bois; puis on polit avec du papier de verre, ou un léger coup de râcloir ; on ponce un peu, ensuite on applique le vernis et l'objet le reçoit sans s'imbiber de l'huile nécessaire à la préparation ; la partie résineuse reste, et le dissolvant qui lui est adjoint s'évapore ; ce moyen l'empêche de se détériorer.

Je recommande ce vernis à nos confrères pour les moulures, la sculpture, articles tournés, etc. ; il sèche à la minute, il est brillant et solide, et possède le grand avantage de n'être pas trop coûteux.

Observations sur l'emploi des vernis de meubles.

1° Evitez la poussière qui voltige dans l'atelier ; elle noircit le vernis ainsi que le bois, et rend un ouvrage malpropre et imparfait. Rien n'est si beau qu'un vernis brillant, net, sans raies, et uniformément étendu. L'ouvrier qui a du goût et qui comprend ses intérêts, tiendra son atelier propre et évitera la fumée pendant l'emploi de toute espèce de vernis.

2° Comme j'ai déjà dit, il faut tenir les flacons bien bouchés, car l'esprit de vin perd sa force, et souvent, sans cette précaution, on est obligé de recommencer ce travail.

3° Opérez dans un endroit d'une température moyenne ; tous les bons vernisseurs ont reconnu partout que quand il fait le vent du midi, le vernis prend plus vite et devient beaucoup plus beau.

Le froid congèle le vernis, on peut opérer

tout de même, mais il peut causer une non réussite, et produire un mauvais travail.

A Paris, plusieurs ébénistes ont des appartements destinés spécialement au vernissage; cependant on peut obtenir tout de même de bons résultats en tenant l'atelier très-propre.

Rafraîchisseur de vernis.

Lorsque le vernis devient vieux, il arrive souvent que le brillant s'altère par l'huile qui ressort au travers, et la poussière qui se colle sur cette huile forme une pâte qui ôte l'éclat et la netteté du lustre. On est parvenu à remédier à cet inconvénient en mettant très-peu d'huile dans le vernis. Malgré cela, il subit les influences de la température, et a besoin, pour maintenir sa fraîcheur, d'être régénéré, ce qui se fait à très-peu de frais par la recette suivante.

Le *Rafraîchisseur* peut servir à tous les ébénistes, marchands de meubles, tapissiers, tourneurs, et à tous les propriétaires indistinctement, surtout à ceux qui aiment la propreté et la beauté de leurs meubles, soit siéges, coffrets, meubles de prix, etc.

Il se compose ainsi qu'il suit ;

Alcool ou esprit de vin 1re qualité. .	1/2 litre.
Jus exprimé de citron.	30 grammes.
Acide sulfurique.	15 —
Huile d'olive fine.	50 —
Benjoin.	50 —

MANIÈRE DE LE PRÉPARER.

Prenez de l'huile d'olive, dans laquelle vous versez l'huile sulfurique ou l'huile de vitriol, avec le jus de citron; agitez fortement le mélange. Faites dissoudre à part, dans l'esprit de vin, le benjoin, puis mélangez le tout en agitant de nouveau, filtrez au travers d'un linge épais, et vous obtenez un liquide parfait qui sert à entretenir les vernis, à les réparer et à leur rendre l'éclat primitif.

MANIÈRE DE S'EN SERVIR.

Versez sur un linge de toile ou de coton fin quelques gouttes de cette composition, frottez légèrement et assez vite, dans quel sens que ce soit; la poussière et l'huile qui ont ressorti s'attachent au linge; l'huile, qui s'était fixée sur le vernis, disparaît, et le brillant revient à sa première fraîcheur.

Cette préparation est appelée à rendre les plus grands services aux vernisseurs, ainsi qu'aux personnes qui aiment la propreté. Il faut réitérer cette opération jusqu'à ce que le vernis soit clair et bien transparent, et surtout parfaitement sec.

Pour cela, on met peu, en terminant, de cette préparation, afin que le linge sèche bien et éclaircisse de même.

Des substances propres à entrer dans la composition des vernis à l'alcool.

Je vais parler des substances qui entrent dans les vernis, afin d'en faciliter la préparation aux personnes qui voudraient faire des essais. Il arrive parfois que, par l'effet du hasard, on découvre aisément des choses que bien d'autres, avec les mêmes facultés, n'ont pu trouver après avoir fait des recherches souvent ruineuses.

Ces substances doivent communiquer aux vernis la solidité, la limpidité, l'éclat et la transparence. D'autres ont la vertu de les rendre siccatifs; ce sont les vernis qui conviennent à l'ébéniste, ainsi que ceux dont je vais parler.

De la Laque.

La laque, que l'on a surnommée improprement gomme laque, est une résine d'un rouge brun, cassante, sèche et à moitié transparente, très-abondante dans l'Inde où on la recueille, sur des branches qu'elle entoure comme une ruche dont l'intérieur contient les œufs d'un insecte.

On en distingue de quatre sortes :

1° La laque naturelle, ou en bâton, c'est la plus colorée.

2° La laque en grains, ce sont les morceaux qui se détachent des bâtons et que l'on vend séparément.

3° Celle en pain, c'est la laque en grains, que l'on fait fondre sur un feu doux pour former le pain dans un moule.

4° La laque en écailles, c'est la laque en grains rendue claire par la filtration à chaud, séparée de sa matière colorante par les lavages à l'eau, puis coulée sur des tables de marbre en couches très-minces.

Cette résine rend les vernis souples et solides ; elle se dissout très-bien dans l'alcool, même à froid, et ne se dissout aucunement dans l'eau.

La résine, de quelque nature qu'elle soit, est une substance inflammable.

Du Benjoin.

Cette résine est dure et fragile, d'une odeur parfumée qui pénètre lorsqu'on l'expose sur des charbons ardents, se dissout aisément dans l'alcool en formant une couleur rougeâtre. Le benjoin, dans son état naturel, ne se dissout pas en totalité dans l'alcool, parce qu'il est mêlé d'une espèce de bois menu qui reste sec lorsque la partie solide s'est dissoute.

Avec cette seule substance je fais mon vernis.

De la Sandaraque.

C'est une résine en larmes courbées, rondes ou allongées; la meilleure est en larmes claires, luisantes et d'un jaune paille, saveur un peu âcre, odeur balsamique; elle est très-sèche, elle est la base des vernis à l'alcool, elle leur donne beaucoup d'éclat.

Le Camphre.

Substance végétale, légère, friable, transparente, un peu onctueuse, odeur forte, pénétrante, aromatique, saveur âcre; amère, donnant une sensation de froid.

Le camphre donne de la souplesse aux vernis, mais il en faut très-peu, car il les rendrait farineux. 20 grammes suffisent pour un litre d'alcool.

Il s'unit très-bien aux essences et aux huiles, il s'enflamme aisément, il peut brûler même sur l'eau.

Il se dissout entièrement et avec facilité dans l'alcool.

La Résine Élémi.

Cette résine répand une odeur peu agréable; elle se dissout passablement dans l'alcool; couleur presque verte, mêlée de veines rouge foncé; elle peut se ramollir sous les doigts. Une 2e qualité vient d'Amérique, tandis que l'autre vient d'Ethiopie; mais celle d'Amérique, souvent mêlée au galipo (ou encens blanc), ne vaut pas la première.

Résine Gomme Gutte.

Elle est solide, dure, sèche, compacte assez inflammable, couleur jaune-orange, soluble dans l'eau et dans l'alcool; elle donne une couleur d'or au vernis, ainsi que du corps et du brillant; elle est surtout employée dans les vernis à dorer le cuivre.

Sa cassure doit être lisse et brillante, et son aspect vitreux. Elle nous vient de la Chine.

Les pharmaciens et les marchands droguistes tiennent toutes les substances que je décris.

Le Mastic.

C'est une résine en petits grains clairs, d'un jaune citrin, il se liquéfie aisément au feu, odeur douce, un peu aromatique; le mastic doit être choisi très-pur et aussi transparent que possible, il donne du liant aux vernis, et rend solides ceux que l'on veut polir après l'application.

Le Sang-Dragon.

Résine d'un rouge brun, devient transparente étant étendue en larmes minces, n'ayant de l'odeur qu'en brûlant, mais une odeur agréable; elle n'a aucune saveur.

Elle se joint aisément aux huiles essentielles et s'unit parfaitement à l'alcool.

De la Résine Animée.

Elle est en morceaux assez gros, possède une odeur douce et agréable, veines blanches, variées de veines jaunes, transparente, cassante, se fond aisément à un feu doux et donne une vive lumière en se consumant.

Cette résine ne se dissout dans l'alcool qu'étant mêlée avec d'autres résines, sa plus grande qualité est de communiquer une odeur très-agréable. Il n'en faut pas trop mettre dans les vernis.

De la Térébenthine.

C'est une résine gluante qui découle du pin; du sapin, du mélèze et du térébinthe; elle est très-propre pour les vernis, elle leur communique beaucoup d'éclat et les rend plus solides, sa couleur est blanche tirant sur le jaune; elle possède une odeur forte et pénétrante, sans être désagréable.

C'est avec ce suc résineux que l'on obtient, par distillation, l'essence de térébenthine qui est d'une si grande utilité dans les arts.

Emploi des Résines.

J'ai donné, à la suite des vernis nouveaux, la connaissance des espèces et des qualités des résines, afin que celui qui voudra faire des expériences trouve des notions certaines sur les agents qu'il veut employer; ainsi en mélangeant les résines dures avec celles qui sont souples, on est certain (n'importe la proportion) que l'on obtiendra un vernis toujours passable. Ces résines sont toutes solubles dans l'alcool; elles peuvent toutes donner une réussite plus ou moins bonne, suivant les proportions que l'on aura données. Quant à la quantité d'alcool, elle n'est pas fixe, on peut toujours en ajouter quand les vernis sont trop épais, et quoique ces résines se dissolvent à froid, il est toujours bon de faire les vernis à chaud.

Pour cela on met les résines et l'alcool dans un petit pot neuf, toujours de moitié plus grand qu'il ne faut, et dans un autre vase plus grand on fait un bain-marie, et on remue avec une spatule de bois plat jusqu'à ce que les ingrédients soient fondus.

Ceux qui ont le temps doivent faire des essais. Les principes une fois établis, sont une route ouverte. Je regarde comme un devoir de faire connaître la marche à suivre. Pour cela je donnerai un modèle des proportions dans différentes recettes dont le succès est bon, puis je ferai connaître les substances qui peuvent être employées dans les vernis gras, vernis très-solides, mais peu siccatifs.

DES DISSOLVANTS.

Ce sont l'Alcool, l'Ether et l'Essence de térébenthine.

De l'Alcool.

L'alcool est le produit de la fermentation et de la distillation de matières sucrées. Le vin, le marc de raisin, les betteraves, les pommes de terre et bien d'autres produits peuvent donner ce liquide important; mais pour l'ébéniste le meilleur est l'alcool de raisin, de vin ou de son marc. Il faut qu'il marque de 35 à 36 degrés au pèse liqueur, aréomètre de Baumé et par une température moyenne de 12 degrés au thermomètre.

L'alcool bien pur dissout mieux les résines, fait moins de pertes; le vernis est préférable, car il devient plus éclatant, plus siccatif et plus solide.

L'alcool ne peut se charger que du tiers de son poids de matières résineuses, on ne doit même jamais lui faire dissoudre une si forte quantité, car le vernis serait trop épais.

De l'Ether.

Ce fluide est le produit de la réaction de

l'acide sulfurique sur l'alcool ; il est extrêmement volatil, plus léger que l'alcool d'un sixième, un litre pèse ordinairement 980 à 700 grammes. Sa saveur pénètre, mais son odeur est très-agréable. Il est très-cher, malgré cela il est employé pour dissoudre le copal et le caoutchouc.

De l'Essence de Térébenthine.

C'est le produit de la térébenthine distillée qui forme cette huile, légère, volatile, connue sous ce nom ; elle est claire , sans couleur, d'une odeur très-forte. On doit choisir la plus légère et la moins colorée.

Après que l'essence est distillée, il reste un résidu que l'on fait égoutter et refondre, c'est la colophane connue aussi sous les noms de poix Grecque, brai sec, arcanson.

Pour rendre l'huile de lin siccative.

Faire bouillir légèrement l'huile avec 200 grammes de litharge réduite en poudre sur un kilog. d'huile, prolongez l'ébullition jusqu'à ce qu'il se forme une petite peau, alors ôtez-la de près du feu, laissez reposer et tirez au clair ou filtrez, voilà ce que l'on nomme huile de lin cuite, ou rendue siccative. Cette huile, mêlée avec de l'essence de térébenthine, est parfaite pour poncer les bois, ainsi que pour la peinture; c'est aussi avec cette huile que les menuisiers doivent passer les ouvrages en chêne ou en noyer qui sont destinés à garder la couleur naturelle, mais il faut passer bien chaud.

Vernis au Pinceau.

Vernis à l'ancienne recette.

Alcool pur	100	grammes.
Mastic mondé	20	—
Sandaraque	10	—
Térébenthine-résine . . .	10	—

Pilez le mastic et la sandaraque en poudre fine, versez ensuite l'alcool sur ces résines, faites dissoudre au bain-marie, ou laissez-le dissoudre seul dans une bouteille en remuant souvent, mettez dans la bouteille 50 gram. de verre pilé grossièrement, remuez en agitant la bouteille, ensuite vous filtrez.

Deuxième recette.

Le vernis que je vais citer sera moins siccatif, mais aussi il sera très-souple, brillant et solide.

Alcool.	100	grammes.
Sandaraque	20	—
Résine animée	5	—
Résine élémi.	15	—
Camphre	2	—

On peut doubler, tripler, quadrupler ces proportions, elles sont justes.

Ce vernis peut se dissoudre à chaud ou à froid, toujours avec du bon esprit de vin.

Troisième recette.

Alcool.	100	grammes.
Laque plate ou gomme laque.	10	—
Colophane	15	—
Térébenthine.	10	—
Verre pilé grossièrement . .	50	—

Ce vernis est bon pour des objets à maniement journalier ; il se fait comme le précédent.

Vernis un peu plus coloré.

Alcool.	100	grammes.
Laque en grains	18	—
Sandaraque	15	—
Mastic.	5	—
Benjoin	5	—
Térébenthine-résine . . .	5	—

Pour colorer ce vernis on peut mettre du safran, de la résine gomme gutte, ou du sang-dragon.

Vernis pour les ouvrages du tour.

Alcool.	100 grammes.
Sandaraque	10 —
Résine élémi	8 —
Térébenthine-résine . . .	8 —

Dans le département du Jura, les tourneurs de St-Claude savent tirer un bon parti de ce vernis ; on l'applique à l'éponge ou avec des pinceaux fins, mais alors il faut renfermer ses pinceaux ou ses éponges dans un étui en fer blanc qui bouche bien, afin qu'ils soient toujours souples et prêts à servir, autrement l'air durcit les pinceaux et fait racornir les éponges qui ont servi à vernir.

Vernis qui donne la teinte d'or aux garnitures de cuivre.

Alcool.	100 grammes.
Laque en grains.	15 —
Copal pilé très-fin	5 —
Gomme gutte.	5 —
Safran oriental	2 —
Santal rouge, dissous dans l'alcool, à part	1 —

NOTA. — Tous ces vernis ont besoin d'être filtrés. Celui-ci ne s'emploie pas au pinceau. On fait chauffer bien peu le métal et on le trempe dans le vernis, deux ou trois fois s'il le faut.

Tous ces vernis se font à chaud ou à froid, mais ce dernier a besoin d'être fait à chaud. J'ai déjà dit que les vernis à chaud sont toujours préférables. Quand les vernis sont faits, il faut les filtrer avec un morceau de flanelle ou un linge fin, quelquefois par le coton, dans un entonnoir. Le coton n'est bon que pour les vernis clairs ; les autres se filtrent par la flanelle.

Vernis au pinceau, trés-siccatif.

Ether sulfurique	40	grammes.
Copal pilé très-fin	10	—

Je mets les proportions très-justes en petites quantités ; ceux qui voudront en faire davantage augmenteront ces proportions selon leurs besoins. Voici comment il faut le faire :

Mettez le copal dans le flacon qui contient l'éther. Il faut que la bouteille soit un peu plus grande afin de pouvoir agiter, bouchez bien la bouteille, agitez fortement pendant un bon quart d'heure, laissez reposer un peu puis agitez de nouveau et laissez reposer pendant une journée. Si en secouant le flacon fait des ondes, il faut ajouter encore quelques gouttes d'éther et laisser reposer.

Ce vernis est d'un brillant glacé, de couleur citrine ; il est solide et s'étend bien sur le bois.

Avant de l'étendre il faut avoir soin de passer l'objet à l'huile ou à l'essence, puis bien sécher en essuyant, ensuite on peut appliquer le vernis. L'huile ou l'essence que l'on met auparavant sur le bois sert à empêcher que le vernis ne fasse des bouillons sous le pinceau, ce qui est le résultat de la trop prompte évaporation de l'éther. Ce vernis est facile à faire, il est excessivement solide, car le copal est la résine la plus tenace et la plus brillante.

Teinture de Fer.

Prenez :	Limaille de fer. . . .	100	grammes.
	Acide nitrique	400	—
	Eau claire	200	—

Il faut un pot qu'il puisse contenir bien plus du double de ce que l'on veut y faire entrer. On commence par mettre l'eau sur laquelle on verse l'acide nitrique. On mêle un peu avec un morceau de bois, puis on jette la limaille de fer, ensuite on remue encore, ayant soin de faire cette opération sous une cheminée à cause du gaz inflammable qui se dégage et pour empêcher le débordement pendant l'ébullition. (J'ai dit qu'il fallait le vase bien grand). Quand le fer sera dissous le mélange aura acquis une teinte brun-jaune.

Sitôt refroidi on verse dans une bouteille très-forte, que l'on laisse débouchée et que l'on met pendant un ou deux jours, dans un lieu très-chaud, tel qu'un bain de sable, ou au-dessus d'un four; mais il faudra remuer souvent la bouteille; puis on ajoutera 500 gram. d'eau de rivière, en remuant souvent, ensuite on la transvasera doucement dans des flacons pour la conserver, et on bouchera bien, alors elle sera prête à être employée.

Cette teinture est ennuyeuse à faire, mais elle est très-commode pour diverses espèces de bois; on peut varier les nuances en mettant de l'eau ou en ajoutant de l'acide nitrique.

On peut appliquer cette couleur sur tous les bois excepté sur le chêne qui, à la première couche, devient presque absolument noir. Chaque fois qu'on se sert de la teinture de fer il faut agiter souvent.

Cette couleur est connue depuis longtemps; on peut parfois en avoir besoin, c'est ce qui m'engage d'en parler.

Fabrication du Papier de Verre première qualité.

Il faut choisir un bon papier qui soit souple

et un peu fort, on pile le verre, puis on le passe au tamis de toile métallique (on doit en avoir de plusieurs grosseurs pour donner les numéros que l'on désire); ensuite l'on passe sur la feuille de papier de bonne colle, un peu claire, avec une brosse douce, qui ne laisse pas échapper de poils. (Il faut faire cette opération dans un local très-chaud). Ensuite on étend également le verre pilé sur la couche de colle en jettant le verre dessus; on secoue la feuille pour que le surplus du verre s'en détache, puis on laisse sécher et le papier est fait.

Observations essentielles.

Délayez de l'amidon dans de l'eau chaude que vous mêlerez à la colle en la faisant chauffer.

Ce procédé empêche à la colle de se casser et de gercer sur le papier.

Le papier émeri se fait de la même manière, ainsi que celui de brique pilée.

Mais le meilleur de tous les papiers à polir est sans contredit le papier de grès pilé qui est fait avec des cruches de bière en grès, bien cuites, ou tout autre vaisselle de grès pilé ou tamisé.

Ce papier de grès ne raye pas le bois comme

celui de verre, et il a la propriété de ronger avec force, en polissant, tous les corps durs, tels que : bois, métaux, etc.

De la Marqueterie.

L'art de la marqueterie est très-ancien, il nous vient des Asiatiques, et le plus vieil ouvrage que nous ayons des temps reculés est un coffret, qui servit à saint Louis pour apporter en France des reliques recueillies en Palestine; il porte 50 cent. sur 20 de large et 30 de profondeur. Il a été construit en Syrie, au commencement du XIIe siècle; la caisse est en bois blanc, recouverte d'ornements en écaille et en ivoire, le couronnement imite un tombeau orné d'une frise sculptée en relief sur ivoire, représentant des génies ailés qui se jouent entre des feuilles de laurier; les bas-reliefs représentent Jason faisant la conquête de la toison d'or.

On a trouvé aussi à Herculanum, ville ensevelie sous les laves du Vésuve, une armoire faite en marqueterie à compartiments. C'est là tout ce qui nous reste de la marqueterie sur bois des anciens. Mais dans le siècle dernier, la brillante manufacture des Gobelins nous donna les chefs-d'œuvre sortis des ateliers du célèbre

Boule. Par lui, nous avons surpassé les anciens dans cet art, et de nos jours, il n'est pas trop rare de trouver de bien beaux meubles incrustés de filets d'or, d'argent, d'ornements de cuivre, ornés d'écailles, et d'un poli parfait.

Espérons que cet art ainsi que celui du sculpteur en meubles, prendra encore un essor chez nous, et que notre inconstance fera place au talent et au mérite; ne soyons pas découragés, si la mode bannit les ornements et la sculpture de nos meubles, le bon goût réveillera dans la nature l'idée du merveilleux, et nous viendrons à bout de surpasser tout ce qui a été fait en ce genre.

Des matières employées en Marqueterie.

L'or, l'argent, l'étain, le cuivre, l'écaille, l'ivoire, la corne, le nacre de perles, le burgau, les bois précieux et aromatiques sont les matériaux mis en œuvre dans ce travail difficile.

De l'Ecaille.

Cette matière vient des Antilles; la plus estimée est celle de la tortue caret; on la prépare en quinze feuilles tant grandes que petites, elles pèsent ensemble ordinairement 3 kil. 500 gr.

La plus grande dimension des feuilles de la tortue caret est de 30 ou 40 cent. de longueur sur 20 de largeur.

L'écaille est transparente, dure et fragile; la chaleur la rend un peu maléable; sitôt froide, elle garde la forme qu'on lui a donnée et redevient aussi cassante qu'avant. Elle a trois couleurs distinctes : le blond, le brun-rouge et le noir clair, quelquefois jaspée ou mêlée d'un blanc moiré.

Le premier travail de l'écaille consiste à la dresser : pour cela on trempe la feuille dans l'eau bouillante pour l'amollir, puis on la met sous presse, entre des feuilles de cuivre ou de fer, épaisses d'un 1/2 centimètre et dressées pour cet usage, on fait chauffer ces plaques légèrement; ensuite l'on place l'écaille entre ces feuilles de métal et l'on serre le tout ensemble à la presse.

Lorsqu'elle est dressée on la met d'épaisseur avec le rabot-râcloir, ou bien le rabot à dents, fin, et à bien petit fer; on la réduit à l'épaisseur voulue. Il ne faut pas la mettre trop mince, car elle serait sujette à se casser et à s'enlever par éclats. On l'arrondit aussi, s'il le faut, par le même moyen que je viens d'indiquer, en la plaçant entre des moules cintrés faits suivant la mesure du modèle que l'on désire.

On soude l'écaille en chanfreinant les deux côtés et en plongeant les parties dans l'eau bouillante, puis, avec deux cales chaudes, on serre fortement le joint.

On peut la colorer par divers moyens; le vermillon mêlé avec de la colle lui donne, par la transparence, une couleur agréable. On emploie aussi parfois le nitrate d'argent ou de mercure, qui donnent des taches brunes ou fauves très-variées.

De la Nacre.

La nacre est dure, pesante, d'un beau blanc, donnant les reflets de l'arc-en-ciel. Ces belles nuances reflètent et varient suivant le côté où on la regarde.

Cette matière se travaille à la scie, à la lime, à la meule et au grès; elle est très-cassante et parfois piquée par les vers. C'est la coquille d'une huître qui contient des perles.

Les plus belles viennent des Indes Orientales.

Le burgau est une espèce de nacre de petite dimension, qui nous vient d'Amérique; on le trouve dans les mers.

La meule qui sert à travailler la nacre doit toujours être mouillée, de crainte de l'échauffer ou de la ternir.

De la Corne.

La corne à l'usage du marqueteur doit être blanche, transparente et sans taches; on la connaît dans le commerce sous le nom de corne d'Angleterre, d'où elle nous arrive en petits tonneaux. Celle qui est rousse sert à imiter l'écaille.

On peut souder les feuilles de corne comme celles de l'écaille, en chanfrein; pour cela faites bouillir les joints entre deux tasseaux en bois, râclez les joints bien vifs et plats, donnez une chaleur lente et modérée, puis serrez les joints à l'étau ou à la presse, entre des feuilles de métal chaud.

On la travaille à la râpe, à la lime, à la meule et au râcloir bien affûté.

On peut la substituer à l'écaille pour les ouvrages ordinaires, et pour la ramollir, il faut la faire bouillir dans un vase plein d'eau jusqu'à ce qu'elle soit dans l'état de se mouler. On peut faire de petites planchettes en corne en choisissant un morceau droit et le chantournant de manière que la scie arrive jusqu'au centre, laissant l'épaisseur que l'on désire conserver; on fait chauffer la corne, on la trempe dans l'eau bouillante et, petit à petit, on dresse la feuille qui est roulée en spirale.

On place la corne entre des cales chaudes et on met sous presse.

De l'Ivoire.

L'ivoire est une substance compacte, plus pesante que les os ordinaires; les pores sont très-serrés, et il peut recevoir un très-beau poli. Il est tiré des défenses des éléphants; il se travaille à la scie et se dresse à la râpe, à la lime et au râcloir. Sur le tour il est très-facile à travailler et à polir.

Il y a deux sortes d'ivoire : le vert et le blanc. Le vert est préférable par son grain très-fin et par la vertu qu'il possède de changer sa teinte verte contre un blanc parfait qui ne change plus. L'ivoire blanc n'est pas si fragile, mais il a le défaut de jaunir en vieillissant.

On doit scier l'ivoire avec une scie à denture moyenne et égale, bien affutée, et tenir constamment la pièce mouillée en la sciant pour l'empêcher de roussir et de s'échauffer.

Imitation de l'Ecaille.

Avec la corne on peut imiter l'écaille, mais il faudrait employer des recettes peu coûteuses, autrement il serait préférable d'acheter la véritable écaille:

Pour l'imiter, prenez un litre d'eau, 100 gram. de bonne potasse et 200 gr. de chaux vive. Quand la chaux est éteinte et la potasse dissoute, vous ajoutez 100 gram. de minium et 30 gram. de vermillon, agitez jusqu'à ce que tout soit fondu et forme une bouillie épaisse.

On l'emploie en mettant avec une spatule de petites plaques qui mouchettent la corne; on réserve des parties blanches et on laisse bien sécher, puis on lave la pièce avec une éponge humide, ensuite on asperge de quelques gouttes d'acide nitrique étendu à moitié d'eau.

Travail de la Marqueterie.

MANIÈRE DE DÉCOUPER.

On place une flèche au-dessus d'une table, ou un arc tendu, semblable à peu près à celui d'un tour à pointes, puis une traverse solide, fixée invariablement à 20 centimètres au-dessus de la table (c'est le goût qui doit guider dans cette construction, où il n'y a point de règle fixe; chacun fait ses outils à sa convenance).

Dans cette traverse on fait passer un morceau de fer carré, qui a au bout une petite pince à vis, capable de serrer la scie; ce fer carré glisse dans la traverse qui est sous la flèche à 10 centimètres; sous la table, une autre traverse est fixée, qui a le pareil fer carré et sa pince comme celle du haut; une pédale est placée sous la table; et cette scie se meut avec le pied, comme la corde d'un tour à flèche.

Avec cette scie on peut toujours couper le bois carrément, en le chantournant avec facilité, de toutes les façons, et les sinuosités des dessins les plus menus et les plus délicats.

On met plusieurs pièces de placage ensemble: une de bois noir, et l'autre de bois bien clair, ce qui sort de l'une peut se placer dans l'autre, c'est ce que l'on nomme la contre-partie.

Ces pièces sont ensuite collées à leurs places respectives, en les plaçant sur un papier fort et très-délicatement, avec une colle bonne et claire.

Quant au dessin, c'est le choix qu'il faut savoir faire; un beau dessin fait toujours un bel effet. Lorsqu'on a un joli modèle on peut le piquer soigneusement avec une aiguille en suivant tous les traits avec soin et en faisant les piqûres rapprochées les unes des autres; ensuite en mettant le dessin sur le bois; on prend un sachet plein de poussière de charbon de bois pilé très-fin et l'on saupoudre en frappant sur le dessin que l'on nomme poncis, puis l'on suit avec un crayon les traits que la poussière de charbon a marqués; alors on peut découper à la petite scie qui va et vient avec le pied.

Lorsqu'on veut conserver des modèles, il faut piquer plusieurs feuilles de papier ensemble.

Les marchands quincaillers vendent des petites scies à marqueterie par paquet de douze à très-bas prix.

On peut au besoin les faire soi-même, avec des aiguilles à tricoter que l'on détrempe et que l'on aplatit, puis on leur fait une fine denture. On peut les faire aussi avec des ressorts de montre refendus de la largeur convenable.

Ces scies doivent être plus minces sur la côte, afin qu'elles ne fassent pas tirer lorsqu'elles sont en mouvement.

Il ne faut pas s'effrayer de la difficulté de la marqueterie, car, au premier coup d'œil ce travail paraît en présenter beaucoup, mais avec un peu de goût et d'adresse on parvient facilement à les surmonter.

Pour ombrer les pièces blanches on met du sable très-fin dans une poêle en fer, et on le fait rougir, puis on plonge un instant dans ce sable les pièces du côté que l'on veut ombrer.

Fabrication des Filets.

Le meilleur moyen pour faire des filets c'est de refendre le bois de houx ou de charmille en feuilles de placage, puis à l'aide d'un trusquin on tire les largeurs selon le besoin, en ayant soin, après chaque coup de trusquin, de dresser de nouveau avant d'en tirer un deuxième, et ainsi de suite.

On trouve aussi ces filets tout faits, à des prix très-bas.

On peut les teindre en noir ou autre couleur en les faisant bouillir dans la couleur que l'on désire parmi celles que j'ai décrites.

Pour les placer, on fait une rainure au trusquin avec un morceau de fer formant l'épaisseur du filet et qui est taillé en forme d'écouenne, ou de scie à denture droite. On creuse la rainure en tirant, allant et venant avec cet outil, puis pour l'ajuster on met la colle au filet et on le place ensuite avec la partie mince du marteau ; on frotte en appuyant, et la chaleur du frottement fait coller de suite.

Moyen de teindre l'Ivoire.

Avant de teindre l'ivoire il faut le faire bouillir dans une eau où l'on aura mis égale quantité de couperose et de salpètre. Ce bain le dispose à recevoir les couleurs de la teinture et en retirant la pièce à teindre, encore un peu chaude on la plonge de suite dans la teinture ; la couperose et le salpètre sont des mordants qui servent à laisser incorporer la couleur.

On peut encore faire tremper un instant l'ivoire dans l'acide nitrique étendu de pareille quantité d'eau commune, puis on le plonge dans la couleur que l'on a préparée. Il faut très-peu le laisser dans l'acide, de crainte de le détériorer.

Pour le Rouge.

Prenez du bois de Brésil effilé ou râpé très-fin, faites dissoudre la partie colorante dans du bon esprit de vin, faites-y tremper l'ivoire le temps nécessaire pour lui donner une belle couleur ; à défaut de bois de Brésil, on peut mettre le bois de Santal pilé, on peut aussi se servir de la cochenille et du carmin, on peut même faire bouillir jusqu'à parfaite coloration.

Pour le Bleu.

Faites dissoudre de l'indigo dans de l'huile de vitriol ou acide sulfurique, ou bien encore dans l'eau de potasse, puis mettez-y vos pièces, soit os, soit ivoire, préparées avant à l'eau forte.

Pour teindre l'Ivoire en Vert.

Vert-de-gris . .	3 parties	100 grammes.
Sel ordinaire .	1 —	33 —
Alun	1 —	33 —
Potasse	1 —	33 —

Faites bouillir dans un litre d'eau jusqu'à réduction de moitié et plongez-y l'ivoire préparé comme je viens de dire.

Pour le Jaune.

Faites dissoudre dans l'eau tiède du chromate de potasse ou faites bouillir de la graine d'Avignon.

Pour l'esprit de vin on peut mettre le jaune de chrôme ou la poudre de curcuma.

En Noir.

Après avoir fait bouillir l'ivoire ou les os dans l'eau de couperose et de salpètre, il faut le tremper plusieurs fois dans une décoction de noix de galles, puis avec la rouille de fer dissoute dans le vinaigre on prépare une eau dans laquelle on le trempe encore autant de fois.

On comprendra facilement qu'avec les procédés indiqués on pourra mettre en œuvre les matériaux et les outils pour la marqueterie, ne serait-ce que pour des ouvrages rares et d'agrément.

Marqueterie en bois debout.

C'est une mosaïque en bois coupés de la hauteur désirée et qui, bien exécutée, fait un travail magnifique.

Des différentes manières d'opérer, celle que je donne ici est une des plus belles et peut servir pour parquets, marches d'autels, panneaux épais, dessus de meubles, etc.

L'exécution en petit exige beaucoup de soins, en grand elle est bien plus facile.

Veut-on faire une ou plusieurs étoiles, on trace par bout de bois une branche, puis on donne au bois cette forme, l'on coupe dans une caisse carrée (avec la scie) les morceaux de la longueur voulue pour former l'épaisseur du parquet, on a le soin, avant de les couper, de passer le rabot à dents, afin de pouvoir les coller par bois de long à plat, pièce par pièce, l'une contre l'autre. Ces ajustages se font sur une planche ou panneau déjà préparé. Quand c'est un panneau de parquet ou une planche, on laisse un coin à chaque planche pour mettre les clous, sur lesquels on peut ensuite placer les pièces, et le parquet est sans trace de clous.

Le bois debout est très-solide, prend bien le poli, et fait un effet superbe.

On peut aussi, avec des petits filets colorés de diverses nuances, former de petits tableaux, paysages, dessins d'architecture, etc.

De la Colle.

La colle de Givet est ordinairement la meilleure que l'on puisse employer.

On reconnaît que la colle est bonne quand elle se trouve transparente, cassante, puis tenace une fois dissoute; on doit la préparer au bain-marie avec la plus grande propreté, et la faire cuire à petit feu; quand elle est entièrement fondue il faut y ajouter un peu d'esprit de vin.

L'alcool lui ôte sa mauvaise odeur, l'empêche de se corrompre, la rend plus siccative et plus tenace et la fait résister mieux à l'humidité.

Manière de la préparer.

Il faut la casser en petits morceaux et après la mettre tremper 10 ou 12 heures dans l'eau propre, puis la faire fondre au bain marie sur un feu doux.

Ramollie à froid avec de l'eau de puits, elle fond très-vite, fait moins de perte, devient plus claire, car l'ébullition ne la tourmente pas comme le feu pressé, qui souvent la brunit ou la brûle.

Je ne saurais trop recommander, pour obtenir une colle claire et solide, de se servir d'eau et de vases très-propres.

De la Colle de Poisson.

Cette colle convient pour unir les métaux, elle doit être sans odeur, blanche et transparente.

Pour la faire fondre, on la râpe ou on la brise en petits morceaux, qu'on met dans un vase vernissé ou préférablement dans un verre, avec un peu d'esprit de vin, ou de la bonne eau-de-vie, puis, lorsqu'elle est bien ramollie, on la fait fondre au bain-marie comme la colle ordinaire.

Cette colle nous est connue en petits anneaux clairs et blancs, de la grosseur d'un crayon, elle est supérieure pour la marqueterie de cuivre, d'écaille, pour coller la nacre, la corne, les métaux sur le bois et le bois très-dur.

La colle, je le répète, demande beaucoup

de propreté ; il faut, lorsque l'on veut l'allonger, n'y mettre que de l'eau très-claire.

Mastic pour coller le cuivre et autres métaux sur le bois.

Poix résine. . . .	30	grammes.
Poix blanche. . .	10	—
Gomme laque. . .	10	—

Faites fondre le tout ensemble, formez-en un bâton que vous emploierez comme la cire à cacheter, c'est-à-dire en le faisant chauffer, et en faisant couler quelques gouttes dans l'endroit où vous voulez fixer le métal ou tout autre corps dur, ensuite faites chauffer l'objet et appliquez-le à la place qui lui est destinée.

Autre Ciment pour les métaux.

Poix résine	40	grammes.
Cire jaune.	20	—
Poix noire	10	—

Faites fondre le tout au bain-marie, puis ajoutez de la brique pulvérisée et passée au tamis.

Cirage-Vernis expéditif.

Il suffit de faire dissoudre le benjoin dans un poids égal de bon esprit de vin, de l'étendre avec un large pinceau dans les parties plates, et avec un petit sur les moulures et les petits coins; dix minutes après, l'étendre en frottant avec une peau douce sur laquelle on verse deux ou trois gouttes d'huile d'olive.

Au besoin on peut le faire avec la paume de la main, pour les meubles d'usage journalier; c'est ainsi que quelques amateurs vernissent, ils prennent du bon vernis copal n° 1, et après avoir bien passé le papier de verre et poncé la surface que l'on veut vernir, ils l'étendent avec la main, puis font sécher à une douce chaleur, dans un local sans poussière ni courants d'air.

Les vernis travaillés de cette sorte, durent longtemps: celui au copal est sec au bout de 24 heures, tandis que celui au benjoin, quoique un peu moins solide, sèche à la minute.

Outil à mille embrevages.

Les bons outilleurs possèdent un outil que le menuisier et l'ébéniste seront bien aises de se procurer. Cet outil sert à enclaver les bois que l'on veut coller, et les joindre, de la largeur que l'on désire, en petites rainures et languettes allégies.

Comme beaucoup d'ouvriers ne connaissent pas cet outil, je vais donner les moyens de le fabriquer à peu de frais.

On fait un feuilleret dont la joue de côté monte et descend, de la profondeur de la rainure, et on laisse juste la largeur du fer entre la joue de côté et l'endroit où il est passé, pour qu'il fasse autant de plein que de vide.

Cette joue qui descend sert à commencer les rainures; il faut que son épaisseur lui permette d'entrer facilement dans le nombre des rainures que l'on voudra faire, afin de régler l'écartement précis qu'elles doivent avoir. Ce que l'outil ne creuse pas devient la languette, qui doit entrer dans la pièce déjà creusée, afin d'enclaver juste. On doit aussi faire une petite règle qui se place entre la joue et le fer pour s'en servir comme d'un feuilleret afin que les bois affleurent, de sorte que, d'une part, ce soit la languette qui commence, de l'autre, une feuillure, et ainsi de suite.

Rien n'est si facile que de faire cet outil, construit comme un mâle de bouvet qui ne descend qu'à deux lignes, avec une petite feuillure de support du côté du dégagement, la joue qui conduit doit varier de trois lignes afin de faire mordre l'outil en commençant.

Quand les rainures sont faites, la joue s'enfonce et devient parallèle au fer qui creuse la rainure.

Lorsque deux morceaux de bois sont corroyés

pour aller ensemble, et qu'ils ont un côté dressé, un aveugle pourrait faire les embrevages les plus justes.

Je conseille à tous les ouvriers de se munir de cet outil qui est très-utile.

Avec un fer de 30 cent. et une heure de travail, deux petites vis à tête ronde, pour faire descendre la joue dans une coulisse percée en travers, vous obtenez un outil parfait. J'en ai fait un tout garni d'acier dessous, qui n'allait pas mieux qu'un autre.

L'outil à embrever peut se faire en plusieurs pièces; il est plus solide et plus joli.

Outil à aiguiser les fers de moulures.

Chaque ouvrier doit savoir faire ses outils à moulures. Le montage n'est rien pour un homme de goût, quelle que soit la forme que l'on veuille donner à un outil, pourvu qu'il dégage bien les copeaux, et que la pente du fer ne soit ni trop droite ni trop penchée.

Ce qui empêche presque toujours un ouvrier de fabriquer ses outils lui-même, c'est la forme qu'il faut donner au taillant du fer et du biseau qu'on doit chanfreiner bien plat et régulier.

Il y en a qui emploient la lime et détrempent

les fers; c'est un très-mauvais procédé, car il est rare qu'on puisse lui donner une bonne trempe, et la difficulté revient, lorsqu'il ne coupe plus.

Pour enlever cette difficulté, il faut des outils toujours bien affutés; pour cela il suffit d'avoir une petite meule à aiguiser que l'on fait tourner soit avec la main, soit avec le pied.

Dans mes voyages. je n'ai rencontré cette meule chez aucun ébéniste ni chez aucun menuisier. Cependant elle est peu coûteuse, et peut servir à aiguiser toutes sortes d'outils; sur le même arbre simplement carré, tournant sur deux pointes, et portant une poulie pour la corde, on peut avoir plusieurs petites meules, En s'en servant, on ne doit jamais mettre de l'eau sur ces meules à roue, on tient seulement le doigt sur l'acier, et on arrête un instant, lorsqu'il s'échauffe trop.

Description de cette meule.

C'est tout bonnement une petite meule d'aiguiseur, mise en rotation par une petite roue qui peut se placer soit en dessus, soit en dessous de l'établi, qui soutient deux poupées à clef ou à vis, avec une pointe qui entre dans le trou de l'arbre, à chaque poupée; tel qu'un tour à flèche, un arbre carré, où la meule est placée d'aplomb ainsi que la poulie, qui doit avoir le quart de la hauteur de la roue. On y place une courroie ou une corde, et l'on met ladite meule en mouvement avec le pied.

Il faut donner à sa meule la forme qu'a le fer de l'outil; pour cela, on n'a qu'à la faire tourner en lui présentant du fil de fer n° 20 ou 22, par le bout; par ce moyen, on façonne la pierre à son gré, ensuite, on met, tout doucement, le fer dessus, en ayant soin de le tenir levé de temps en temps, pour ne pas le détremper. Alors, vous donnez à votre fer de moulures la forme que vous désirez, serait-elle tant et plus bizarre; pourvu que vous teniez votre meule en ordre avec le fil de fer indiqué.

Nouvelle scie à araser.

C'est tout simplement une scie ordinaire à laquelle on visse une règle sur le côté gauche qui sert à guider la scie, comme un outil à moulures.

J'ai trouvé cette scie très-commode et excessivement juste pour faire les arasements.

MANIÈRE DE S'EN SERVIR.

Il faut avoir une presse confectionnée pour cet usage, dans laquelle passe la traverse que l on veut araser, et on ajuste le trait de la traverse à la mesure de l'écartement de la scie et l'arasement est parfait.

On peut aussi régler son écartement ainsi que la profondeur qu'elle doit scier, afin qu'elle n'entame pas le tenon qui doit toujours conserver sa même épaisseur.

Pour en faire l'essai, dressez un morceau de bois de 3 centimètres sur 6, serrez-le avec un valet ou deux presses, sur la traverse, mettez une petite règle fixée à votre scie.

Rabot percé à la scie.

Après avoir tracé les coupes d'un rabot ou d'une varlope, sur le plat de gauche et sur les deux champs, on fait un petit trou du côté de la lumière, et un autre au-dessus, qui lui correspond et que l'on peut faire un peu plus grand.

Ensuite on doit avoir une petite scie à chantourner, épaisse, mais très-étroite et amincie sur la côte d'une monture tournante légère et solide.

En voici la description.

Les noix de cette scie doivent être en bon bois et avoir un trou au milieu, d'un bout à l'autre, de sept millimètres environ; au bout de chaque noix il faut une virole en fer ou en cuivre, avec une petite vis, comme celle qui serre vers la poignée. On ne doit pas ignorer que la traverse de cette scie doit être fixée pour qu'elle ne se démonte pas entièrement.

Pour faire tendre la scie, je préfère un fil de fer avec un écrou à oreilles de chaque côté, puis on la passe par le trou qui a été percé et comme elle est très-étroite, elle fait tous les contours, même les angles vifs.

Il est nécessaire de faire ce travail à deux, afin de mieux suivre les traits et le temps n'est pas perdu, car on peut en s'amusant, en percer huit à dix à l'heure.

MANIÈRE DE LA FABRIQUER.

Il faut avoir une scie à chantourner, et épaisse, à laquelle on fait une denture très-couchée et peu profonde; on affute comme une écofine à onglet, mais toujours très-couchée, et surtout amincie sur la côte. Cette scie n'ayant pas de voie, polit le bois à son passage.

On peut la faire avec une vieille scie de scieur de long, en prenant un trusquin qui a une plaque en fer, et un tiers-point à la place de la pointe. On fixe sa scie sur une planche. puis on fait un trait profond avec le tiers-point qui tient au trusquin de chaque côté; ensuite on le sépare dans un étau en allant doucement, de crainte de la casser.

Plus elle est étroite, mieux elle vaut, elle tourne plus facilement; mais je préfère qu'elle soit faite en pointe comme l'écofine. Le côté étroit sert à tourner, et dès qu'elle a tourné, le côté large avance beaucoup plus.

Rien n'est si curieux que de présenter à un amateur l'outil avec le morceau que l'on a retiré d'une seule pièce et qui s'y adapte parfaitement.

Ce découpage peut se faire aussi avec une scie mince à laquelle on a donné de voie afin qu'elle puisse passer, mais ce moyen ne vaut pas l'autre, car cette scie ronge les traits, et ne polit pas autant le bois.

Après, il faut avoir un ciseau à polir, de 3 centimètres de large et très-long, en bon acier, avec un grand manche. (Ces ciseaux sont connus sous le nom de *ciseaux de meubliers*). On lui donne le fil comme à un râcloir, et il sert, en poussant et en tirant, pour râcler la planche et les endroits larges de la lumière.

Pour polir les côtés, rien n'égale une écouenne, que l'on peut faire soi-même, en détrempant une lime plate, fine, pointue, de 20 à 22 centimètres et en y pratiquant, d'un côté seulement, sur le plat, une denture couchée dont les dents seront distantes de 6 millimètres, et les cavités peu profondes.

On taille les dents carrément avec un tiers-point, alors c'est un outil très-précieux qui sert à polir différentes choses. Il est bon d'en avoir de plusieurs formes, c'est très-commode pour polir les moulures de rebours.

Il y en a, pour faire les mortaises des guillaumes, qui ont des dents sur le côté. Cet outil peut se faire en deux pièces embrevées, car il est assez difficile de faire avec le bédane sa mortaise bien droite et nette, sans écorcher le bois, au lieu qu'avec l'écouenne, on polit après avoir fait seulement un trou pour son passage.

Machine à mortaiser le bois.

Un simple tour en bois devient de la plus grande utilité dans un atelier; mille choses peuvent se faire au moyen de cet intéressant mécanisme : on peut y faire tourner les meules à aiguiser, ensuite l'on peut, en les relevant, transformer ce tour en machine à percer et à mortaiser.

L'arbre du tour est une pièce qui tourne sur

ses coussinets, qui portent l'emprunt servant à tenir l'objet que l'on veut travailler. Au bout de cet arbre on visse cet emprunt qui porte une mèche soit à l'anglaise, soit à cuillère, ce sont les deux espèces qui conviennent le mieux, ainsi que pour les petits trous, la mèche en forme de lance. On fixe une de ces mèches sur le tour dans un emprunt qui la tient fixée en droite ligne.

On a un support pour gouverner la pièce vis-à-vis la mèche, que l'on fait tourner au moyen de la roue du tour, on présente alors le bois devant la mèche à percer, sans pousser trop fort; il est facile de comprendre que cette mèche aura un mouvement très-rapide, qu'elle percera très-vite et très-droit, si elle est bien dirigée, ou plutôt si on présente et conduit la pièce bien droit sans vaciller; car si la mèche n'est pas droite et solide on n'obtient aucun résultat, mais il est facile d'avoir cette justesse lorsque l'emprunt est bien fait ainsi que les mèches.

On peut, sur ce tour, faire mouvoir à son gré, soit une mèche de rechange, soit des fraises de toutes grosseurs, ou bien une scie circulaire que l'on replace à volonté, mais il faut qu'elle soit très-petite, car pour une grande scie, il faudrait plus de force et par conséquent un volant plus grand.

Je décrirai un peu plus loin la manière de faire manœuvrer une grande scie circulaire par un seul homme.

Ce même établi, qui peut porter à volonté soit des meules, soit une mèche à percer, soit une scie circulaire, peut aussi servir de moteur à la machine à mortaiser, et, sans rien déranger, cette mèche à cuillère peut devenir le bédane qui fait la mortaise, de la grandeur que l'on désire.

Ainsi, avec ledit établi, qui sert à percer et forer les bois et les métaux, avec le même arbre et les mêmes mèches à cuillère, si elles sont renforcées et bien faites, on peut faire des mortaises.

Pour cela, on fait aller et venir rapidement le battant ou la pièce que l'on veut mortaiser, au moyen d'un mouvement imprimé par une roue qu'un seul homme fait aller, et qui peut, si elle est faite convenablement, faire mouvoir l'arbre du tour en même temps, fixer la dimension des mortaises par un va-et-vient que ladite roue règle facilement et avec justesse.

La mèche tourne rapidement lorsque le bois se présente à elle, en allant et venant, à la longueur désirée. Avec ce mécanisme, on fait des mortaises excessivement justes et droites, soit en largeur, soit en profondeur ; seulement, les coins restent ronds, mais rien n'est plus facile que les équarrir, de sorte que la mortaise soit parfaite et ne laisse rien à désirer.

Je ne crois pas cet outil indispensable dans un petit atelier, surtout aujourd'hui que notre métier a fait des progrès.

Il n'en est pas de même de la machine à aiguiser et de celle à percer le bois : dans tous les ateliers, grands ou petits, elle est de la plus grande utilité.

Chacun saura discerner ce qui peut lui être utile; quant à moi, je n'ambitionne qu'une chose, c'est d'être agréable à ceux qui professent un art que j'ai beaucoup aimé.

Machine à tirer les moulures.

Cette importante machine est presque généralement connue; mais, s'il y a quelques ouvriers de goût qui ignorent comment elle est construite, je les engage à visiter un ébéniste où ils puissent voir fonctionner cet outil simple et utile.

Une heure de pratique suffit pour concevoir le plan et le conserver dans sa mémoire.

Les choses qui sont de mon invention, je les donne comme telles, quant aux autres, je cherche à être utile en les faisant connaître.

On trouve bien expliquées celles que j'ai acquises par mon travail et mon expérience, et j'aurais été bien aise de trouver l'ouvrage que je publie lorsque j'ai fait mes recherches.

Scie circulaire.

Il y a environ six ans, j'avais besoin, pour un ouvrage, d'une grande qnantité de traverses, de battants, de côtés de tiroirs, etc. (j'avais vu fonctionner la scie circulaire par l'eau ou par la vapeur), et comme il me fallait prendre tout cela sur des plateaux, j'entrepris d'en placer une à bras de 28 centimètres, à petite denture, et j'eus l'avantage de débiter mes bois avec un seul homme, et avec beaucoup de rapidité.

J'avais un volant en fonte, d'un mètre, je fis faire un arbre bien juste, ayant un écrou pour serrer la scie contre la plaque qui la tenait droite.

Je laissai à cet arbre un carré au bout pour porter une poulie, et je me disposais à faire mouvoir par un grand volant de 3 mètres, lorsque j'eus l'idée de placer au bout de l'arbre, à la place de la poulie, tout simplement, le volant d'un mètre.

Alors j'essayai, une fois tout cela placé sur un vieil établi, avec une simple manivelle, de débiter; je mis la scie en mouvement, comme une meule ordinaire. La denture de cette scie était très-bien faite, et je réussis parfaitement. Je désire que ceux qui l'essaieront en retirent d'aussi bons résultats.

MANIÈRE DE DÉPOLIR LE VERRE.

On dépolit le verre avec une singulière facilité; on peut même le couper, le limer, le percer et le graver.

Il suffit de prendre une lime neuve, et de la tremper dans de l'essence de térébenthine, en la tenant un peu humectée. On limera le verre aussi facilement que le bois.

Il ne faut pour bien travailler le verre employer que des outils neufs ou en bon état.

Voici les principaux :

Les limes neuves, les fraizes, les forets, les pierres meulières etc.; mais pour bien réussir, il faut tenir l'outil qui doit ronger, continuellement humecté avec de l'essence de térébenthine.

On peut, par ce moyen, incruster de verre les entrées des serrures, soit des meubles, soit des portes, etc.; ce verre, une fois dépoli par la lime, fait un très-bel effet.

Pour le graver, il faut un petit burin trempé dans l'essence.

Avec une lime queue de rat on peut y faire des trous et les agrandir à volonté.

Pour le dépolir, on prend un morceau de pierre de meule ou de gré,on verse de l'essence sur le verre, et l'on frotte avec la pierre unie qui dépolit parfaitement.

Ceci est très-important pour les entrées de serrures en verre, pour manivelles, etc., et pour les menuisiers qui vitrent les bâtiments.

Maintenant, pour changer la coupe usée d'un diamant, rien n'est plus facile; voici les moyens.

On prend un petit fer à souder, ou simplement du fer ou de l'acier rougis, on le met sur l'étain, qui s'échauffe et permet au diamant de tourner à volonté. On resserre avec le fer chaud l'étain autour de la pierre, puis on tourne la coupe en ligne du sabot. Le seul secret est de réserver un angle qui offre un tranchant en avant pour qu'il fende le verre sans le rayer, ce que l'on nomme fausse-coupe.

FRIVOLITÉS CURIEUSES.

Moyen de percer un trou carré avec une mèche ronde.

On prend un fort papier, on le plie en quatre, on le serre entre deux morceaux de bois à la presse, de manière que l'angle du papier soit dessus; on place la pointe d'une mèche anglaise entre le joint sur l'angle du papier; on le déplie et le trou est parfaitement carré, quoique fait avec une mèche ronde.

Autre pour faire un trou carré parfait avec une lime queue de rat.

On prend une feuille de fer blanc, de tôle ou de cuivre, avec une queue de rat ou lime ronde, on plie une feuille en deux, puis en quatre, on la met à l'étau ou à la presse, et on lime sur l'angle, en tenant la lime le long du fer blanc et bien droite, puis on ouvre la feuille et le trou est carré.

Autre pour ajuster une équerre en dedans avec une varlope.

On déferre l'outil et on serre le fer de dessus sur l'autre avec une presse, puis on met un valet sur le fer, et on le tient bien serré. Alors on place la varlope près de ce fer, on la fixe avec des presses sur l'établi, de manière à réserver entre le fer et la varlope la largeur de la lame de l'équerre, afin qu'il se trouve en pente pour pouvoir faire un copeau; puis on pousse l'équerre entre la varlope et le tranchant, en donnant de temps en temps un peu plus de fer. On parvient à le tirer de large parfaitement; mais avant il faut l'avoir ajusté en dehors.

Manière de boucher, avec un seul morceau de bois, trois trous différents : un carré, un rond et un triangle.

Pour cela, prenez une cheville de trois à quatre centimètres de diamètre, donnez-un coup de ciseau en biseau de chaque côté, pour lui donner la forme d'un coin bien coupant, c'est-à-dire à angle vif.

Vous tracez un cercle avec la tête de ce coin, qui sera ronde, puis tournant sur le plat, un carré long ou un carré parfait; sur le côté, vous tracez un triangle, vous percez ces trous, et la cheville les bouchera, en passant les uns après les autres.

On peut s'en faire une idée en taillant un bouchon en coin.

VERNIS RÉSISTANT A L'EAU BOUILLANTE.

Ce vernis s'applique de préférence aux objets sujets à frottement et d'un usage journalier, tels que tables, et autres meubles unis.

Un ouvrier intelligent peut faire de très-jolis bénéfices en s'occupant de ce travail, car il est très-rare de trouver quelqu'un qui connaisse la bonne recette.

Voici la manière d'opérer :

Poncez le bois à l'huile de lin jusqu'à ce que les pores soient bien adoucis ; on peut même, pour mieux les remplir, passer une teinte avec un léger encollage très-clair, ou lui donner la teinte que l'on désire, après avoir râclé et poncé à l'huile avec soin ; car c'est de ce travail que dépend la beauté du vernis.

On essuie ensuite l'huile qui reste en se servant d'un vieux chiffon, ou de copeaux très-fins, puis on passe sur le bois, avec la main, du meilleur vernis copal n° 1, que l'on trouve tout fait chez les droguistes.

On l'étend en frottant légèrement en long avec la paume de la main, sur laquelle on a le soin de mettre de temps en temps quelques goutes d'huile de lin cuite ou crue.

J'observe pourtant que l'huile cuite sèche plus vite.

La main, par une douce chaleur et un léger frottement, rend le vernis uni, et l'huile qui sert à l'étendre lui donne un poli de glace.

On répète cette opération après que la première couche est sèche, autant de fois qu'il semble nécessaire pour rendre le vernis assez beau. Par cette même méthode j'ai vernis des tables de café, ainsi que plusieurs meubles destinés à être lavés, et j'ai reconnu que l'eau, chaude ou froide, ne l'attaquait nullement.

Pour l'enlever il faut employer la potasse, le sel de soude ou une lessive avec une grande quantité de savon.

Ce vernis offre dans plusieurs cas de précieux avantages.

Nota. — Cet ouvrage, quoique petit, a mérité les éloges de tous les bons ouvriers des grandes villes de France. Je désire qu'il soit apprécié par tous les connaisseurs.

Avis aux Souscripteurs.

Les ouvriers intelligents comprendront facilement que le moindre procédé contenu dans ce petit manuel vaut plus tout seul que la petite dépense qu'ils ont faite pour l'acquérir ; si on n'en a pas besoin aujourd'hui, demain il peut être d'une grande utilité, et on ne voudrait pas pour beaucoup d'argent être dépourvu de ce manuel qui est très-nécessaire.

J'ai donc rempli ma promesse, et je redis encore, comme par mes circulaires : ce n'est point le gain qui me guide, mais le désir d'être utile à mes collègues, en les faisant profiter du fruit de mes recherches.

Comme le nombre des volumes que je viens de faire tirer, quoique très-grand, suffit à peine aux demandes, je promets à mes souscripteurs qu'ils ne trouveront mon livre que chez moi, malgré les demandes qui m'ont été faites par les libraires, ce qui prouve que la spéculation ne m'a pas guidé dans mon travail.

TABLE DES MATIÈRES.

www.ingramcontent.com/pod-product-compliance
Ingram Content Group UK Ltd.
Pitfield, Milton Keynes, MK11 3LW, UK
UKHW021052260726
13994UKWH00002B/523